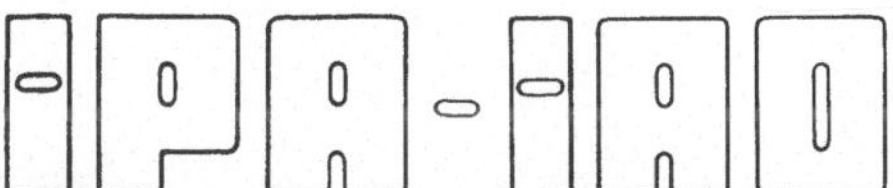

Forschung und Praxis

Band 236

Berichte aus dem
Fraunhofer-Institut für Produktionstechnik
und Automatisierung (IPA), Stuttgart,
Fraunhofer-Institut für Arbeitswirtschaft
und Organisation (IAO), Stuttgart,
Institut für Industrielle Fertigung und
Fabrikbetrieb der Universität Stuttgart und
Institut für Arbeitswissenschaft und
Technologiemanagement, Universität Stuttgart

Herausgeber: H. J. Warnecke und H.-J. Bullinger

Springer

*Berlin
Heidelberg
New York
Barcelona
Budapest
Hongkong
London
Mailand
Paris
Santa Clara
Singapur
Tokio*

Achim Merklinger

Automatische Kalibrierung der koppelnden Ortung mobiler Plattformen

Mit 36 Abbildungen und 25 Tabellen

Springer

Dr.-Ing. Achim Merklinger
Fraunhofer-Institut für Produktionstechnik und Automatisierung (IPA), Stuttgart

Prof. Dr.-Ing. Dr. h. c. Dr.-Ing. E. h. H. J. Warnecke
o. Professor an der Universität Stuttgart
Fraunhofer-Institut für Produktionstechnik und Automatisierung (IPA), Stuttgart

Prof. Dr.-Ing. habil. Dr. h. c. H.-J. Bullinger
o. Professor an der Universität Stuttgart
Fraunhofer-Institut für Arbeitswirtschaft und Organisation (IAO), Stuttgart

D 93

ISBN-13: 978-3-540-61632-0   e-ISBN-13: 978-3-642-47893-2
DOI: 10.1007/ 978-3-642-47893-2

Gesamtherstellung: Copydruck GmbH, Heimsheim
SPIN 10547761   62/3020−543210

Geleitwort der Herausgeber

Über den Erfolg und das Bestehen von Unternehmen in einer markt-
wirtschaftlichen Ordnung entscheidet letztendlich der Absatzmarkt
Das bedeutet, möglichst frühzeitig absatzmarktorientierte Anforde
rungen sowie deren Veränderungen zu erkennen und darauf zu reagie
ren.

Neue Technologien und Werkstoffe ermöglichen neue Produkte und er
öffnen neue Märkte. Die neuen Produktions- und Informationstechno
logien verwandeln signifikant und nachhaltig unsere industrielle
Arbeitswelt. Politische und gesellschaftliche Veränderungen signa
lisieren und begleiten dabei einen Wertewandel, der auch in unse-
ren Industriebetrieben deutlichen Niederschlag findet.

Die Aufgaben des Produktionsmanagements sind vielfältiger und an-
spruchsvoller geworden. Die Integration des europäischen Marktes,
die Globalisierung vieler Industrien, die zunehmende Innovations-
geschwindigkeit, die Entwicklung zur Freizeitgesellschaft und die
übergreifenden ökologischen und sozialen Probleme, zu deren Lösun
die Wirtschaft ihren Beitrag leisten muß, erfordern von den Füh-
rungskräften erweiterte Perspektiven und Antworten, die über den
Fokus traditionellen Produktionsmanagements deutlich hinausgehen.

Neue Formen der Arbeitsorganisation im indirekten und direkten
Bereich sind heute schon feste Bestandteile innovativer Unternehmen. Die Entkopplung der Arbeitszeit von der Betriebszeit, integrierte Planungsansätze sowie der Aufbau dezentraler Strukturen
sind nur einige der Konzepte, die die aktuellen Entwicklungsrich-
tungen kennzeichnen. Erfreulich ist der Trend, immer mehr den Men
schen in den Mittelpunkt der Arbeitsgestaltung zu stellen - die
traditionell eher technokratisch akzentuierten Ansätze weichen ei
ner stärkeren Human- und Organisationsorientierung. Qualifizie-
rungsprogramme, Training und andere Formen der Mitarbeiterent-
wicklung gewinnen als Differenzierungsmerkmal und als Zukunftsin-
vestition in *Human Recources* an strategischer Bedeutung.

Von wissenschaftlicher Seite muß dieses Bemühen durch die Entwicklung von Methoden und Vorgehensweisen zur systematischen
Analyse und Verbesserung des Systems Produktionsbetrieb einschließlich der erforderlichen Dienstleistungsfunktionen unterstützt werden. Die Ingenieure sind hier gefordert, in enger Zusam
menarbeit mit anderen Disziplinen, z.B. der Informatik, der Wirt-
schaftswissenschaften und der Arbeitswissenschaft, Lösungen zu er
arbeiten, die den veränderten Randbedingungen Rechnung tragen.

Die von den Herausgebern geleiteten Institute, das

- Institut für Industrielle Fertigung und Fabrikbetrieb der
  Universität Stuttgart (IFF),

- Institut für Arbeitswissenschaft und Technologiemanagement (IAT)

- Fraunhofer-Institut für Produktionstechnik und Automatisierung
  (IPA),

- Fraunhofer-Institut für Arbeitswirtschaft und Organisation (IAO)

arbeiten in grundlegender und angewandter Forschung intensiv an
den oben aufgezeigten Entwicklungen mit. Die Ausstattung der
Labors und die Qualifikation der Mitarbeiter haben bereits in der
Vergangenheit zu Forschungsergebnissen geführt, die für die Praxis
von großem Wert waren. Zur Umsetzung gewonnener Erkenntnisse wird
die Schriftenreihe "IPA-IAO - Forschung und Praxis" herausgegeben.
Der vorliegende Band setzt diese Reihe fort. Eine Übersicht über
bisher erschienene Titel wird am Schluß dieses Buches gegeben.

Dem Verfasser sei für die geleistete Arbeit gedankt, dem Springer-
Verlag für die Aufnahme dieser Schriftenreihe in seine Angebots-
palette und der Druckerei für saubere und zügige Ausführung. Möge
das Buch von der Fachwelt gut aufgenommen werden.

                          H.J. Warnecke   H.-J. Bullinger

Vorwort

Die vorliegende Arbeit entstand während meiner Tätigkeit als wissenschaftlicher Mitarbeiter am Fraunhofer-Institut für Produktionstechnik und Automatisierung (IPA), Stuttgart.

Ich danke Herrn Prof. Dr.h.c.mult. Dr.-Ing. H.-J. Warnecke für die wohlwollende Unterstützung und Förderung, die die Durchführung meiner Arbeit ermöglichte.

Herrn Prof. Dr.h.c. Dr.-Ing. G. Pritschow danke ich für die Übernahme des Koreferats und für die wertvollen Hinweise, die sich aus der Durchsicht und der Diskussion des Manuskripts ergaben.

Von den Kollegen des Instituts, die mich bei der Durchführung der Arbeit durch vielfältige Anregungen und konstruktive Kritik unterstützt haben, möchte ich vor allem Herrn Prof. Dr.-Ing. R.-D. Schraft, Herrn Dr.-Ing. M. Schweizer, Herrn Dr.-Ing. J. Müllerschön, Herrn Dipl.-Inform. J. Luz, Herrn Dipl.-Ing. C. Schaeffer und Herrn Dr.-Ing. A. Langen erwähnen.

An der technischen Umsetzung und an der erfolgreichen Durchführung der Versuche haben insbesondere Herr W. Esslinger, Herr A. Nayebkashi und Herr R. Knoll wesentlichen Anteil. Für die Bearbeitung des Manuskripts gilt mein besonderer Dank Frau L. Schuhmacher und Frau E. Sommer.

Herzlich bedanke ich mich auch bei meiner Freundin Nadja Germann, die durch ihre Motivation den Arbeitsfortschritt beschleunigt und durch ihre Anregungen zur Verständlichkeit der Arbeit wesentlich beigetragen hat.

Ich widme diese Arbeit meinen Eltern, die mir durch ihre tiefe Verbundenheit und selbstlose Förderung das Erreichen dieses Ziels erst ermöglicht haben.

Stuttgart, im Juni 1996   Achim Merklinger

Inhaltsverzeichnis Seite

0   Abkürzungen und Formelzeichen

Abkürzungen

ADF	Automatic Direction Finder
CAN	Controller Area Network
C.F.F	CONSOL Funkfeuer
DECCA	Funkpeileinrichtung im Langwellenbereich
DME	Distance Measuring Equipment
EMV	Elektromagnetische Verträglichkeit
FTF	Fahrerloses Transportfahrzeug
FTS	Fahrerloses Transportsystem
GLONASS	Russische Ausführung des "Global Positioning System"
GPS	Global Positioning System
ILS	Instrumenten-Landesystem
LORAN	Long Range Navigation
LS	Least Square Methode
NAVSTAR	Navigation System with Timing and Ranging
NDB	Non Directional Beacon
OMEGA	Funkpeileinrichtung im Längstwellenbereich
QS	Qualitätssicherung
RADAR	Radio Detecting and Ranging
RB	Randbedingung
PSD	Photosensitive Device
TACAN	Tactical Air Navigation
VOR	Very High Frequency Omnidirectional Radio Range

Notation

$[r]$ Vektor (nx1)

(r) Vektor (2x1)

r Vorzeichenbehafteter Betrag des Vektors (r)

$|r|$ Betrag des Vektors (r)

$[A]$ Matrix (nxn)

(A) Matrix (2x2)

Formelzeichen

A	Koordinatentransformationsmatrix, Querschnittsfläche
a	Seildurchhang
B	Transformationsmatrix
b	Spurbreite, Meßbasis
c	Orientierung / Azimutwinkel
C	Proportionalitätsfaktor
E	E-Modul
e	Rollreibungshebelarm, Meßbasis
F	Kraft
f,d	Längenfehler, Hilfslänge für Berechnungen
G	Gewichtung
g	Fallbeschleunigung
h	Höhe
I	Trägheitsmoment
K	Modellparameter
k	Faktor
l	Länge
M	Drehmoment
m	Masse
n	Anzahl
o	Offset
P	Punkt
Q	Fehlerfunktion der LS-Methode
R	Radius
r	Ortsvektor
S	Schlupf
s	Bogenlänge
t	Zeit
u	Spannung
v	Geschwindigkeit
x,y	Kartesische Koordinaten
Δ	Differenz
α	Schräglaufwinkel
β	Lenkwinkel
χ	Rollrichtung

$\delta, \phi, \varphi, \gamma, \psi$	Hilfswinkel für Berechnungen
ε	Dehnung
μ	Gleitreibungskoeffizient, Kraftschlußbeanspruchung
ρ	Dichte
Σ	Relevanzmaß für Bewertung
σ	Spannung
ω	Winkelgeschwindigkeit eines Rades

Tiefgestellte Indizes

A/B	Antrieb / Bremsen
a	Meßarm
Ex	Extern
F	Kraft
I	Intern
L	Lager
l	Längs
m	Mittelwert
N	Navigation
n, k	Anzahl
P	Plattform
q	Quer
R	Rad
S	Schlupf
T	Trägheit
TR	Seiltrommel
U	Umfang
V	Vermessung
X, Y, Z	Koordinatenrichtung
0	Start, Nennmaß
$1, ..., i, j$	Numerierung
α	Schräglaufwinkel

Hochgestellte Indizes

B	Benutzer
$\cdot$	Einfache zeitliche Ableitung
$\cdot\cdot$	Zweifache zeitliche Ableitung

1 Einleitung

Die gegenwärtigen Märkte für Wirtschaftsunternehmen unterliegen einem ständigen, immer schnelleren Wandel, der hohe Anforderungen an die Wettbewerbsfähigkeit der Firmen stellt und gleichzeitig die Chance zum Absatz immer neuer Produkte bietet. Der ökonomische Umgang mit der Ressource "Arbeitskraft" wird insbesondere in den hochentwickelten Industrieländern dabei immer wichtiger. Die Automatisierung von einfachen, sich wiederholenden Arbeitsvorgängen durch Maschinen und die Konzentration menschlicher Fähigkeiten in Einsatzgebieten mit komplex strukturierten Arbeitsgängen vollzieht sich in allen Bereichen der Industrie und zeichnet sich im Dienstleistungsgewerbe ab. Nicht der Ersatz des Menschen durch Automaten um jeden Preis ist gefragt, sondern der duale Einsatz von Mensch und Maschine entsprechend ihren jeweiligen Fähigkeiten wird angestrebt.

In diesem Zusammenhang werden mobile Plattformen über ihre klassischen Einsatzgebiete im nautischen Bereich, in der Luftfahrt, im Verkehrswesen und bei der Automatisierung innerbetrieblicher Transportaufgaben hinaus zunehmend im Dienstleistungsbereich eingesetzt. Bei fahrerlosen Transportfahrzeugen (FTF) sind zumeist noch Systeme mit fest im Boden verlegten, induktiven Leitlinien im Einsatz. Doch die Entwicklung geht in Richtung frei konfigurierbarer Systeme, die an das jeweilige Produktionsumfeld angepaßt werden können. Im Dienstleistungssektor werden zukünftig neue Einsatzgebiete für mobile Plattformen erschlossen. Auch dabei spielen frei zu konfigurierende Bewegungsmöglichkeiten eine wichtige Rolle. Bei anspruchsvollen Aufgaben, z.B. dem Einsatz bei Katastrophen oder Störfällen steht die Unterstützung des Bedieners durch automatisierte Teilfunktionen im Vordergrund. Sie erleichtern die präzise Steuerung der Plattformen.

Bei allen Automatisierungslösungen, die das Verlassen fester Fahrspuren erfordern, besteht eine zentrale Aufgabe in der Versorgung der Plattform mit den nötigen Informationen über Position und Bewegungszustand. Diese Daten sind gleichermaßen wichtig, um bei vollautomatischen Systemen die vorgegebene Bewegungsbahn einzuhalten, wie auch für teilautomatisierte Systeme zur Regelung des vom Benutzer gewünschten Bewegungszustands. Auch für die logistische Koordinierung, beispielsweise bemannter Gabelstapler, ist das Wissen um die aktuelle Fahrzeugposition wesentlich. Ihre Kenntnis erlaubt einer Leitzentrale die ökonomische Einsatzplanung mehrerer Fahrzeuge und anfallender Transportaufgaben.

Sensoren, die bei nicht spurgebundenen Fahrzeugen die aktuelle Position ermitteln, sind hauptsächlich aus der Schiffahrt, der Luftfahrt und militärischen Anwendungen bekannt. Eine unveränderte Übernahme dieser Komponenten in den industriellen Bereich oder den Dienstleistungssektor ist aus technischen Gründen nicht sinnvoll und aus wirtschaftlichen Gründen im allgemeinen nicht akzeptabel.

1.1 Problemstellung

Die Leistungsfähigkeit von Ortungseinheiten wird durch eine Vielzahl von Einflußfaktoren bestimmt, deren Auswirkungen sich gegenseitig beeinflussen und bisher nicht oder nur schwer quantitativ erfaßbar sind. Alle Forschungs- und Versuchsfahrzeuge, wie auch die industriellen Prototypenanlagen, werden bislang abhängig von den eingesetzten Sensorarten einzeln in aufwendigen und zeitraubenden Testfahrten vermessen. Auch nach Reparaturen oder beim Tausch von Fahrwerksbaugruppen muß diese Parametrierung der Ortungseinheiten erneut durchgeführt werden. Ein Verfahren zur Automatisierung dieser Aufgabe, das flexibel auf unterschiedliche Plattformen anzuwenden ist, steht bislang nicht zur Verfügung. Besonders im Hinblick auf Stillstandszeiten und Nutzungsausfälle ist diese Situation unbefriedigend.

1.2 Zielsetzung

Ziel dieser Arbeit ist es, die Parametrierung koppelnder Ortungseinheiten von mobilen Plattformen zu automatisieren und dadurch effizienter zu machen. Der Zeitaufwand zur Bestimmung der Parameter soll verringert und ein flexibel einsetzbares Instrumentarium entwickelt werden, das die automatische Parameterbestimmung auch am Einsatzort der Plattformen beim Anwender erlaubt.

Um dieses Ziel zu erreichen, sind folgende Punkte zu klären:

- Das Verständnis über die Wirkungsmechanismen der einzelnen für die Ortungsgenauigkeit bestimmenden Faktoren und ihrer gegenseitigen Beeinflussung ist erforderlich.

- Die Möglichkeit einer Beschränkung der Anzahl der Einflußgrößen auf die in der Praxis relevanten Parameter ist abzuklären.

- Die Möglichkeiten zur Automatisierung der aufwendigen Testfahrten und die Extraktion der für die Verbesserung der Ortungsgenauigkeit relevanten Parameter sind zu erforschen.

Am Beispiel des Prototyps eines Roboters für Missionen bei Störfällen in Kraftwerken und für die Entschärfung von Sprengkörpern soll die Optimierung der Koppelgenauigkeit automatisch durchgeführt werden.

1.3 Vorgehensweise

Ausgehend vom Stand der Technik bei mobilen Plattformen und bei Systemen zur Bahnvermessung mit ihren Komponenten führt die funktionale Analyse der Methoden für die koppelnde Ortung zu den Anforderungen für die automatisierte Parameterbestimmung koppelnder Plattformen.

Voruntersuchungen zum quantitativen Einfluß der verschiedenen Parameter auf die koppelnde Ortung ermöglichen die Konzentration auf die Beschreibung der Auswirkungen relevanter Größen.

Die Konzeption des Verfahrens zur automatischen Parameterbestimmung der Ortungseinheit führt auf die Entwicklung eines Systems zur Vermessung der Bewegungsbahnen. Ein Modell der Auswirkungen der relevanten Einflußgrößen wird entwickelt. Die Algorithmen zur Bestimmung der Modellparameter aus dem Vergleich der plattformintern gekoppelten und extern vermessenen Bahndaten werden ausgearbeitet.

In Versuchsfahrten werden die entsprechenden Fahrzeugparameter eines Prototypenfahrzeugs für Inspektions- und Wartungsaufgaben bestimmt und in die vorbereiteten Modelle übernommen. Vergleiche der Ortungseigenschaften ohne und mit Fehlerkompensation zeigen die Wirksamkeit des automatischen Verfahrens auf.

2 Ausgangssituation

2.1 Definitionen

Die Bedeutung der Begriffe im Zusammenhang mit der Navigation von Fahrzeugen wird in der Literatur vielfach unterschiedlich benutzt. Im Vergleich zur deutschsprachigen Literatur werden in englischsprachigen Veröffentlichungen Begriffe häufig mit geänderter Bedeutung belegt. Zur Klarstellung werden in dieser Arbeit daher die wichtigsten Begriffe definiert.

Koppeln

Der Begriff "Koppeln" beschreibt eine Methode, die aktuelle Lage eines Körpers zu ermitteln. Dabei wird sein Bewegungszustand kontinuierlich erfaßt und durch Integration der Geschwindigkeiten oder der Beschleunigungen zusammen mit bekannten Anfangsbedingungen die aktuelle Lage dieses Körpers berechnet

$$[r(t_1)] = [r(t_0)] + \int_t [v(t)]\, dt \quad \text{bzw.} \quad [r(t_1)] = [r(t_0)] + \int_t \int_t [\dot{v}(t)]\, d^2t \, .$$

Dabei ist unerheblich, wie die Daten des Bewegungszustands ermittelt werden, da dies vom Einsatzfall bestimmt wird. Bei einem Fahrzeug wird beispielsweise über Odometrie sehr einfach seine Geschwindigkeit zu ermitteln sein, bei einem Flugzeug wird ein Stau- oder Venturirohr zum Einsatz kommen.

Kurs / Azimutwinkel

Der Winkel zwischen der zum Erdschwerevektor parallelen Projektion der plattformfesten x-Achse in die Ebene und der im Koordinatensystem der Ebene festgelegten x-Achse wird als "Kurs" oder "Azimutwinkel" bezeichnet. Er wird bei Drehung im Gegenuhrzeigersinn positiv gezählt.

Lage

Die sechs Freiheitsgrade eines Körpers im Raum, drei translatorische und drei rotatorische, werden unter dem Begriff "Lage" zusammengefaßt. Die Lage wird durch einen 6-dimensionalen Vektor beschrieben, der sich aus den beiden 3-dimensionalen Vektoren der Position und Orientierung ergibt.

Mobile Plattform

Der Begriff "mobil" bezeichnet die Fähigkeit eines Gegenstandes oder einer Person, sich selbständig mit eigenem oder fremdem Antrieb zu bewegen. Im Gegensatz zu Drunk wird in dieser Arbeit der Begriff "mobil" im oben beschriebenen allgemeinen Sinn verstanden und benutzt. Der Grad der Mobilität wird im einzelnen Anwendungsfall näher spezifiziert /drunk_90/.

Als "Plattform" wird jeder Körper bezeichnet, der, entsprechend seiner Konstruktion und Bauweise, die Eigenschaft der Mobilität erhalten kann. Die Form der Fortbewegung ist dabei unerheblich.

Als "mobile Plattform" wird dementsprechend jeder Körper bezeichnet, der sich mit eigenem oder fremdem Antrieb auf irgendeine Art bewegen kann und gemäß seiner Konstruktion auch dafür vorgesehen ist. Beispiele für mobile Plattformen sind alle Arten von Land-, Wasser-, Luft- und Raumfahrzeugen, aber auch Kanonenkugeln und Rohrpostbehälter. Als "mobile Plattformen für den industriellen Einsatz" werden Fahrzeuge bezeichnet, die industriell genutzt werden, wie z.B. Gabelstapler oder Transportfahrzeuge im inner- und außerbetrieblichen Verkehr.

Navigation

Der Begriff "Navigation" stammt aus dem Lateinischen und bedeutet wörtlich übersetzt "Schiffahrt, Seefahrt". Es wurden darin alle Tätigkeiten zusammengefaßt, die für die Führung eines Fahrzeugs vom Ausgangspunkt zum Zielpunkt erforderlich sind /schwager_93/, /hardtl_94/, /teldix_79/. Dies umfaßt insbesondere die Aufgaben:

- Planung,

- Ortung,

- Steuerung und Regelung / Bahnführung und

- Störungs- und Hinderniserkennung sowie Kollisionsvermeidung.

In neuerer Zeit wird der Begriff, insbesondere in der angelsächsischen Literatur, eingeengt auf die Tätigkeit der Ortung. Eine verbindliche Definition in Form einer nationalen oder internationalen Norm existiert derzeit nicht /hardtl_94/. In der vorliegenden Arbeit wird der Begriff im oben genannten, umfassenden Sinn benutzt.

Odometrie

Diese Methode ist bei Landfahrzeugen die gebräuchlichste Art, die Geschwindigkeit zu ermitteln. Sie beruht auf der Messung der Drehgeschwindigkeit der Räder oder Kettenräder des Fahrwerks. Davon abgeleitet wird auch die Auswertung von Inkrementalgebern, die an diese Fahrwerkselemente gekoppelt sind, als Odometrie bezeichnet.

Orientierung

Die drei rotatorischen Freiheitsgrade eines Körpers werden unter dem Begriff der "Orientierung" zusammengefaßt.

Ortung

Für eine zentrale Aufgabe der Navigation, die Bahnführung und -regelung, spielt die Ortung eine entscheidende Rolle. "Ortung" bedeutet die Bestimmung der aktuellen Lage der Plattform in einzelnen oder allen Freiheitsgraden, z.B. für die Bahnregelung der Steuerung.

Dabei kann die Lagebestimmung kontinuierlich oder nur punktuell mit unterschiedlichen Sensoren und Verfahren durchgeführt werden. Dies hängt von den gegebenen Randbedingungen bezüglich Einsatzfall, Umgebung und gewählter Plattformsteuerung ab. Allgemein unterscheidet man dabei zwischen "stützenden" und "koppelnden" Verfahren.

Position

Die drei translatorischen Freiheitsgrade eines Körpers werden unter dem Begriff der "Position" zusammengefaßt.

Schlupf

Längsschlupf beschreibt die Abweichung der tatsächlichen Geschwindigkeit einer Plattform von der mit Raddrehzahl und Raddurchmesser berechneten Geschwindigkeit:

$$S = 1 - \frac{\omega \cdot R_0}{v} \ .$$

Querschlupf bezeichnet die durch Querkräfte auf das Rad induzierte, senkrecht zur Rollrichtung gerichtete Geschwindigkeitskomponente (siehe auch Schräglaufwinkel).

Schlupf wird sowohl für die Bezeichnung des reinen Längsschlupf als auch für die Zusammenfassung der beiden Schlupfkomponenten benutzt.

Schräglaufwinkel

Die Winkeldifferenz zwischen der tatsächlichen Geschwindigkeit einer Plattform und der theoretisch aufgrund der gegebenen Fahrwerksgeometrie berechneten Geschwindigkeitsrichtung wird als Schräglaufwinkel bezeichnet.

Stützen

Wesentliches Merkmal der "Stützung" ist die weitgehende Unabhängigkeit von der Kenntnis des vorausgehenden zeitlichen Bewegungsverlaufs der Plattform. Dabei kann die aktuelle Lage vollständig oder teilweise bezüglich bekannten Merkmalen der Umgebung durch Vergleich oder Vermessung ermittelt und so die Ortungsaufgabe durchgeführt werden. Die Umgebungsmerkmale können entweder natürlicher Art sein oder künstlich, d.h. sie wurden nur für den Zweck der Stützung in der Umgebung installiert. Beispiele für natürliche Merkmale sind Sterne oder die Wände einer Halle. Beispiele für künstliche Merkmale sind Satelliten oder spezielle Reflektormarken.

2.2 Stand der Technik

2.2.1 Industrielle Anwendungen

Mobile Plattformen im industriellen Bereich werden schon seit den 50er Jahren zumeist mit Transport- und Verkettungsaufgaben im betrieblichen Materialfluß eingesetzt /müller_83/, /hammond_86/. Seit Ende der 80er Jahre besteht hier der Trend vom leitdrahtgeführten FTF weg zum frei fahrenden Transportfahrzeug. Die Fahrzeuge verließen zunächst nur für kurze Manöver, wie Andocken oder Kurven, den Leitdraht und setzten anschließend wieder auf /miag_88/, /kopp_90/, /obschonka_91/, /rust_91/. Diese Systeme fuhren überwiegend eine vorgegebene Folge von Steuersequenzen ab, ohne dabei eine Ortung im Sinne einer Lageerfassung durchzuführen. Neue Entwicklungen /stierle_91/ zielen auf den teilweisen oder vollständigen Ersatz des Leitdrahts unter Einsatz unterschiedlicher Systeme zur koppelnden Ortung und zur Stützung. Zunehmend kommen Kreiselsensoren für die Erfassung des Kurswinkels zum Einsatz /sindlinger_93/, /warnecke_91/, /hartmann_93/, /merklinger_91/.

Eine weitere Lösungsvariante zum Verlassen des Leitdrahts ist die Strukturierung oder Markierung des Bodens durch regelmäßige Raster als Fliesen oder in Form eingegrabener Marken oder Transponder. Derartige Systeme werden z.B. bei Außenanwendungen zum Containertransport oder im Innenbereich bei der Elektronikindustrie eingesetzt /nn_90/, /nooijen_92/, /schoeller_93/, /kramer_93/. Hier spielt die Genauigkeit der koppelnden Ortung nur eine untergeordnete Rolle, da Stützungen in engem Abstand durchgeführt werden können. Einen anderen Ansatz für leitlinienloses Fahren bildet die optische Triangulation auf stationäre Reflektoren /ndc_93/, /jodin_92/. Auch hier liefert die optische Sensorik ständige Stützmessungen.

Bei diesen Anwendungen werden Fehler der koppelnden Positionsbestimmung nicht automatisch bestimmt und anschließend berücksichtigt, sondern entweder empirisch in Versuchsreihen ermittelt oder in Kauf genommen und durch Reduzierung der rein koppelnd zurückgelegten Wegstrecken die Genauigkeitsanforderungen eingehalten.

2.2.2 Serviceanwendungen

Der Bereich der Serviceroboter ist ein klassischer Zweig der Anwendung mobiler Plattformen. Besonders bei Inspektions- und Wartungsaufgaben in gefährlichen, unzugänglichen oder verstrahlten Bereichen werden Fahrzeuge unterschiedlicher Art schon seit Jahren eingesetzt /kentree_93/. Sie arbeiten ferngesteuert, und der Bediener überwacht die Aktionen direkt oder über Kamerasignal. Beispielhafte Anwendungsgebiete sind Arbeiten in kontaminierten Bereichen nuklearer Anlagen, im Katastrophenschutz und Arbeiten an Sprengkörpern. Da die Steuerung aller Einzelfunktionen durch den Bediener sehr viel Aufmerksamkeit und Übung erfordert, kommen Fahrzeuge dieser Art schnell an die Grenzen ihrer Leistungsfähigkeit oder werden in Situationen manövriert, aus denen sie nicht mehr aus eigener Kraft freikommen, wie z.B. Einsätze in Tschernobyl zeigten /borovoi_95/.

Parallel dazu wurden Plattformen für den Einsatz als

- Reinigungs-,

- Überwachungs- oder

- Transportfahrzeuge

in Krankenhäusern oder Bürogebäuden entwickelt /schraft_94a/, /engelberger_93/, /evans_89/, /kelterer_94/, /cyberworks_93/.

Alle aufgeführten Anwendungen sind durch sich stark vom industriellen Einsatz unterscheidende Anforderungen geprägt. Während in der Industrie vor allem Zuverlässigkeit und damit niedrige Betriebskosten verlangt werden, steht im Servicebereich der Aspekt niedriger Investitionskosten /krautter_94/ viel stärker im Vordergrund. Rentschler gibt eine Übersicht derzeit verfügbarer Roboter für den Serviceeinsatz /rentschler_94/.

Einsatzfelder zukünftiger Dienstleistungsroboter /böndel_94/, /schraft_94a/, /peuter_94, /nn_93/ liegen insbesondere in den Bereichen:

- Abzieh- / Glättungsmaschinen für Tennisanlagen oder Eisbahnen,
- Straßen-, Schienenbau,
- Pflege und Therapie,
- Haus und Garten,
- Weltraum,
- Unterwasser und vieles mehr.

Neben der klassischen Aufgabe der Ortung als Teil des Lageregelkreises dient die Ortung auch vielfach zur Unterstützung und Orientierung des Bedieners. Häufig besteht seine Aufgabe darin, ein Szenario für die Einsatzplanungen nachfolgender Missionen aufzunehmen, zu vermessen und zu kartographieren.

Die oben aufgeführten, schon realisierten oder konzipierten Anwendungen zielen überwiegend auf einen Markt mit großen Stückzahlen und starkem Kostendruck. Insbesondere hier kommt der Optimierung einfacher Funktionsprinzipien, wie der rein odometrischen Ortung, große Bedeutung zu. Eine Reduzierung der frei fahrbaren Strecke oder der Einsatz teurer Präzisionsmeßgeräte, wie dynamisch abgestirnmte Kreisel oder Laser-Kreisel, sind aus Wettbewerbs- und Akzeptanzgründen derzeit nicht vertretbar.

2.2.3 Forschungs- und Entwicklungsarbeiten

Etwa seit Ende der 60er Jahre wird weltweit intensiv an der Erforschung und Entwicklung von mobilen Plattformen unterschiedlicher Art und ihrer Komponenten gearbeitet. Eine umfassende Übersicht über die verschiedenen Projekte bis etwa 1990 vermitteln die Arbeiten von /hinkel_89/, /schraft_89/ und /drunk_90/ sowie die Zusammenfassung von /cox_90/.

Schwerpunkte neuerer Forschungsaktivitäten zielen auf die Verbesserung der Planungskomponenten sowohl hinsichtlich Bahn- als auch Bewegungsplanung. Weiter steht die Regelung einschließlich Lageregelung, die Umgebungserfassung mit unterschiedlichen Sensorsystemen und entsprechender Datenverarbeitung, die Hard- und Softwarearchitektur und die Rechnerstruktur mobiler Systeme im Zentrum der Forschung sowie spezielle Ansätze oder Anwendungen /cmu_92/, /schmidt_93/, /zheng_93/.

2.2.4 Koppelnde Ortung

Aufgrund ihrer Komplementarität werden in den meisten Anwendungen sowohl koppelnde als auch stützende Verfahren eingesetzt. Die kumulativen Fehler beim Koppeln werden durch die Stützung eliminiert und die Genauigkeit der Plattformlage auf die Genauigkeit des Stützverfahrens gebracht.

Fehlen geeignete Merkmale für häufige Stützmessungen und bestehen hohe Anforderungen an die Lagegenauigkeit der Plattform werden an die Genauigkeit der koppelnden Sensorik große Anforderungen gestellt.

2.2.4.1 Sensoren für die Ermittlung von Bewegungsgrößen

Sensoren für die koppelnde Ermittlung der Bewegungsgrößen erfassen die physikalischen Größen Weg und Winkel oder ihre zeitlichen Ableitungen. Eine Übersicht über die Sensoren und die Zuordnung zur erfaßten physikalischen Größe erfolgt in Abb. 2-1.

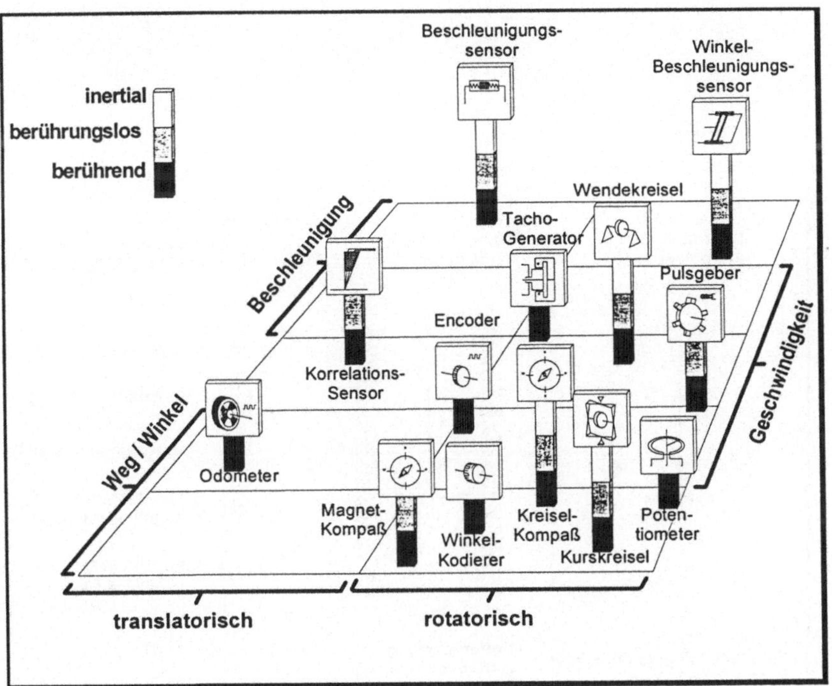

Abb. 2-1:   *Meßgrößen und Sensoren für koppelnde Ortung*

2.2.4.2 Fahrwerke

Die Fahrwerksarten gebräuchlicher Plattformen im industriellen oder Dienstleistungseinsatz können in Anlehnung an die VDI-Richtlinie 2510 gemäß Abb. 2-2 eingeteilt werden /vdi_2510/.

Die verschiedenen Fahrwerke weisen hinsichtlich der Manövrierfähigkeit der Fahrzeuge und ihrer Regelung und nicht zuletzt hinsichtlich ihres Kippverhaltens verschiedene Eigenschaften auf. Auch in Bezug auf die Ortung sind unterschiedliche Eigenschaften zu beachten /merklinger_91/.

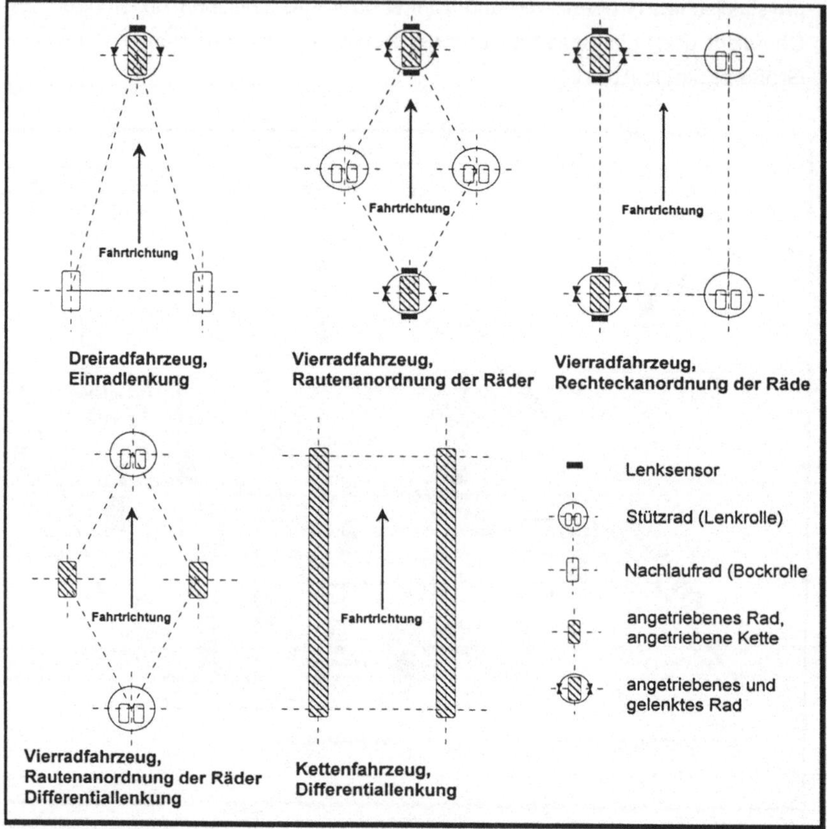

Abb. 2-2:   *Fahrwerke mobiler Plattformen*

Kettenfahrwerke sind prinzipiell wie Differentialfahrwerke zu betrachten. Ihr Lenkverhalten weicht jedoch aufgrund der unbestimmten kinematischen Verhältnisse beim Abrollvorgang der Ketten in Kurven deutlich vom Lenkverhalten von Differentialfahrwerken ab.

2.2.5   Vermessungssysteme für mobile Plattformen

Für Aussagen über die Genauigkeit mobiler Plattformen müssen Systeme verfügbar sein, die als Referenz die Bahn der Plattform erfassen und vermessen können.

Sensorsysteme, die bei mobilen Plattformen in der Industrie oder im Dienstleistungsbereich zum Einsatz kommen, basieren auf der Kombination von Koppeln und Stützen /vögler_92/, /ndc_93/, /svenson_93/. Fest installierte, wohlbekannte Reflektormarken werden während der Fahrt der Plattform von einem auf dem Fahrzeug montierten Laserscanner abgetastet. Aus den gewonnenen Daten der Relativwinkel der Reflexionen und dem Vorwissen über die Reflektorpositionen wird die Momentanposition mittels triangulatorischer Verfahren berechnet. Um eindeutige Meßergebnisse zu erzielen, muß die grobe Lage der Plattform im voraus bekannt sein, was bei diesen Verfahren durch parallele odometrische Koppelnavigation erreicht wird.

Die in der Literatur zu findenden Aussagen über die Genauigkeit der Fahrzeugortung basieren auf der manuellen Vermessung von Haltepunkten der Plattformen mittels Maßband, evtl. in Verbindung mit Vermessungstheodoliten.

Automatische Vermessungssysteme sind in den Bereichen Luft-, Raum- und Seefahrt bekannt und verfügbar. Sie arbeiten als Funkpeilsysteme oder optische Peilsysteme mit einer Kombination aus Abstands- und Winkelmessung zum bewegten, zu vermessenden Objekt und sind in Abb. 2-3 zusammengestellt.

2-Dimensional		3-Dimensional	
Meßgröße	**Technisches Verfahren**	**Meßgröße**	**Technisches Verfahren**
2 Abstände (Abstandsdifferenzen Hyperbelverfahren):	DME, LORAN (A-D), DECCA, OMEGA	3 Abstände: Trilateration	GPS, NAVSTAR, GLONASS
1 Abstand + 1 Winkel	VOR+DME, TACAN RADAR	2 Abstände + 1 Winkel	
2 Winkel	VOR, ADF/NDB, C.F.F	1 Abstand + 2 Winkel	RADAR, ILS+DME, NAVI-, AERO-, HELITRACK
		3 Winkel: Triangulation	

Abb. 2-3:   *Vermessungsverfahren der Luft- und Seefahrt*

Die Tabelle in Abb. 2-3 gibt eine Übersicht über realisierte Vermessungsverfahren aus der Luft- und Seefahrt /kramar_73/, /müller_k_83/, /grabau_89/, /ibeo_94/.

Für die Vermessung mobiler Plattformen in der Industrie oder im Dienstleistungsbereich sind sie nicht geeignet, da die Genauigkeit ihrer Messung im Bereich unter einem Meter bis zu mehreren Kilometern liegt.

In der Kfz-Industrie werden für die Ermittlung von fahrdynamischen Meßwerten inertiale / odometrische Meßsysteme verwendet /rms_93/, /datron_94/. Das Ziel der damit durchgeführten Versuche liegt in der Optimierung von Parametern der Fahrdynamik und der Fahrsicherheit. Diese Systeme arbeiten koppelnd in Bereichen hoher Geschwindigkeit ($\leq$ 300 km/h) und sind für die absolute Vermessung aufgrund kumulativer Fehler nicht geeignet.

Die in Abb. 2-4 zusammengestellten Systeme für die Bahnvermessung von Industrierobotern arbeiten nach unterschiedlichen Verfahren:

Verfahrensklasse	Sensoren	Referenz	Erfaßte Freiheitsgrade
Strahl-Verfahren	PSD	Laserstrahl	2
Graphische Verfahren	Beschreibbare Fläche	Schreiber in Roboterhand	2
Fotografische Verfahren	Kameras	1 Leuchtpunkt	3
Optische Triangulatoren / Trilateratoren	3 optische Entfernungsmesser, 3 Winkelmesser	3 Marken auf Roboterhand	6
Mechanische Verfahren	Winkelgeber	Roboterähnliche kinematische Kette	6

Abb. 2-4:   Verfahren zur Vermessung von Industrierobotern

- **Strahl-Verfahren:**
  Der zu vermessende Roboter ist mit einem PSD-Array ausgestattet und wird auf einer linearen Bahn bewegt. Als Referenz seiner Bahn dient ein Laserstrahl, dessen Zielpunkt auf dem PSD detektiert wird. Die PSD-Signale dienen zur Vermessung der Roboterbahn /krypton_94/.

- **Graphische Verfahren:**
  Der zu vermessende Roboter ist mit einem Schreiber ausgestattet und wird zur Vermessung entlang einer beschreibbaren Wand geführt. Die Spur auf der Wand kann nach dem Prüflauf vermessen werden und liefert Angaben zur Bahngenauigkeit in zwei Freiheitsgraden /krypton_94/.

- **Fotografische Verfahren:**
  Dabei wird ein signifikanter Punkt eines Roboters mittels mehrerer in verschiedenen Ebenen angeordneter Kameras während der Roboterbewegung vermessen. Die Bahn des Punktes wird anschließend aus den Kamerasignalen berechnet und kann mit der Soll-Bahn verglichen werden /baum_85/.

- **Optische Trilateration / Triangulation:**
  Bis zu drei Reflektoren an der Roboterhand werden mittels optischer Abstandssensoren während der Bewegung vermessen. Aus den Entfernungs- und Winkelsignalen der Sensoren wird die Bahn des Roboters berechnet und kann mit der Soll-Bahn verglichen werden. Die Abstandssensoren werden kontinuierlich während der Bewegung auf die Reflektoren nachgeführt (Tracking) /krypton_94/.

- **Mechanische Verfahren:**
  Eine roboterähnliche, passive kinematische Kette wird mit der Roboterhand fest gekoppelt. Die Orientierungen der einzelnen Arme des Meßsystems zueinander werden von Winkelgebern gemessen. Der sich bewegende Roboter ist starr mit dem Ende dieser Kette gekoppelt, und die sich dabei ergebenden Winkelstellungen des Meßsystems erlauben die Berechnung der Roboterposition in 6 Achsen /warnecke_86/.

Als Referenzsysteme für die Vermessung von Plattformen werden in der Literatur Tracking-Verfahren für Schiffe, Flug- und Fahrzeuge beschrieben /ibeo_94/, /signer_94/. Sie arbeiten mit optischen Entfernungsmessern und für die Nachführung mit servoelektrisch geregelten Theodoliten. Ihre Meßgenauigkeit liegt im Bereich von $\approx \pm 200$ mm bzw. $\approx \pm 10$ mgrad. Die Geschwindigkeit und Beschleunigung der Plattform ist bei diesen Verfahren eingeschränkt auf grund der Dynamik der Nachführung des Meßgeräts auf Werte zwischen 10°/s und 30°/s bzw. zwischen 1°/s^2 und 57°/s^2. Die Frage nach der Anwendung solcher Systeme auf die Vermessung mobiler Plattformen im industriellen und Dienstleistungseinsatz erscheint aufgrund ihrer Leistungsdaten fraglich und kann erst nach der Ausarbeitung der genauen Anforderungen beantwortet werden.

3 Analyse koppelnder Verfahren und Ableitung der Anforderungen an ein System zur automatischen Kalibrierung der Ortungseinheit

3.1 Funktionale Analyse der Ortung

Die Funktionskomponente Ortung liefert der Regelung die Informationen über den Ist-Zustand der Bewegung des Fahrzeugs. Allgemein umfaßt der Zustandsvektor die Größen

- Position und Orientierung,

- translatorische und rotatorische Geschwindigkeiten sowie

- translatorische und rotatorische Beschleunigungen.

Bei Plattformen für den industriellen und den Dienstleistungseinsatz liegt ein ebener oder quasiebener Bewegungszustand in dem Sinne vor, daß auch die veränderliche Höhe des Bodens direkt mit der Position in der Ebene gekoppelt ist, also kein zusätzlicher Freiheitsgrad auftritt. Die Geschwindigkeiten und Beschleunigungen der Plattformen werden von der Ablaufsteuerung typischerweise vorgegeben und nur im internen Regelkreis der Motorsteller geregelt. Die Regelung der Fahrzeuge erfolgt normalerweise nur über die Lage. Der Zustandsvektor der Fahrzeugbewegung reduziert sich damit auf die beiden Größen

- Position und

- Orientierung.

Für koppelnde Verfahren wesentlich ist die Kenntnis des Momentanpols der Bewegung und der Drehgeschwindigkeit des Starrkörpers. Diese Informationen sind entweder aus der Kenntnis der Geschwindigkeitsvektoren zweier Punkte der Plattform oder eines Geschwindigkeitsvektors und des Drehgeschwindigkeitsvektors zu ermitteln. Für die Integration der Lage der Plattform ist in beiden Fällen die Fehlerkumulation kennzeichnend. Meßfehler führen zu linear wachsenden Lagefehlern bei der Geschwindigkeitsmessung

$$(r') = (r_0 + e_0) + \int(\dot{r} + e_1)\, dt = (r) + (e_1) \cdot t + e_0$$

und zu quadratisch wachsenden Lagefehlern bei der Beschleunigungsmessung

$$(r') = (r_0 + e_0) + \iint(\ddot{r} + e_1)\, d^2t = (r) + (e_1) \cdot t^2 + e_0.$$

Zusätzlich addieren sich noch Fehler bei der Erfassung der Anfangswerte der Integration. Die Minimierung von Fehlern bei der Ermittlung von Geschwindigkeiten und Beschleunigungen ist daher Ziel aller Verfahren zur Steigerung der Koppelgenauigkeit.

Auch stützende Verfahren sind, abhängig von Meßprinzip und Aufnehmer, mit mehr oder minder großen Meßfehlern behaftet. Sie bleiben aber stets im durch die Sensor- und Meßkonfiguration vorgegebenen Rahmen und sind unabhängig von der Missionsdauer der Plattform.

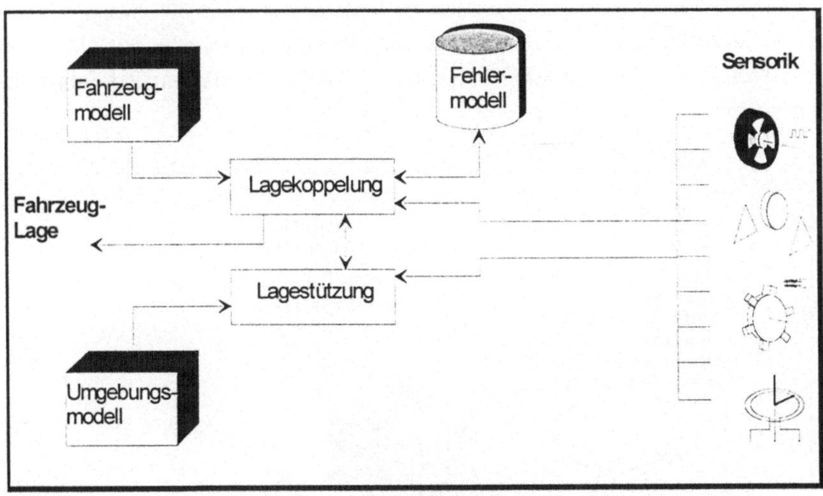

Abb. 3-1:   *Struktur eines Ortungssystems für mobile Plattformen*

Zur Beschreibung der auftretenden Fehler der koppelnden Ortung wie auch der Fehler der Stützmessungen werden Modelle aufgestellt. Durch ihre on-line Berechnung während der Fahrt wird eine quantitative Abschätzung dieser Fehler und ihre rechnerische Korrektur ermöglicht. Die Mechanismen der Fehlerentstehung und die Parameter müssen zur Modellbildung vorliegen.

Die Fahrzeugkinematik beeinflußt sowohl die Durchführung der Koppelnavigation als auch die Modellierung der dabei auftretenden Fehler. Ihre Beschreibung wird im Fahrzeugmodell abgelegt.

Die Fusion der Daten koppelnder und stützender Verfahren ist der Kern der Ortungskomponente. Es wird damit nicht nur eine Reduktion der kumulierten Fehler koppelnder Verfahren erreicht, sondern darüber hinaus die Adaption der im Fehlermodell der Koppelnavigation und im Fahrzeugmodell abgelegten Parameter an die aktuellen Werte. Das häufigste dafür benutzte Verfahren stellt die Kalman-Filterung dar /maybeck_79/, /brammer_86/, /brammer_89/, /krebs_80/, /kailath_81/, /schlitt_92/.

3.1.1 Analyse der Einflußfaktoren auf koppelnde Ortungssysteme

Die Einflußfaktoren auf koppelnde Ortungssysteme können auf unterschiedliche Ursachen zurückgeführt werden. In der Literatur /lapin_92/, /wong_92/ werden hauptsächlich Radschlupf und Bodenhaftung genannt, aber auch Meß- und Diskretisierungsfehler sowie Variationen von Raddurchmesser und Fahrwerksgeometrie.

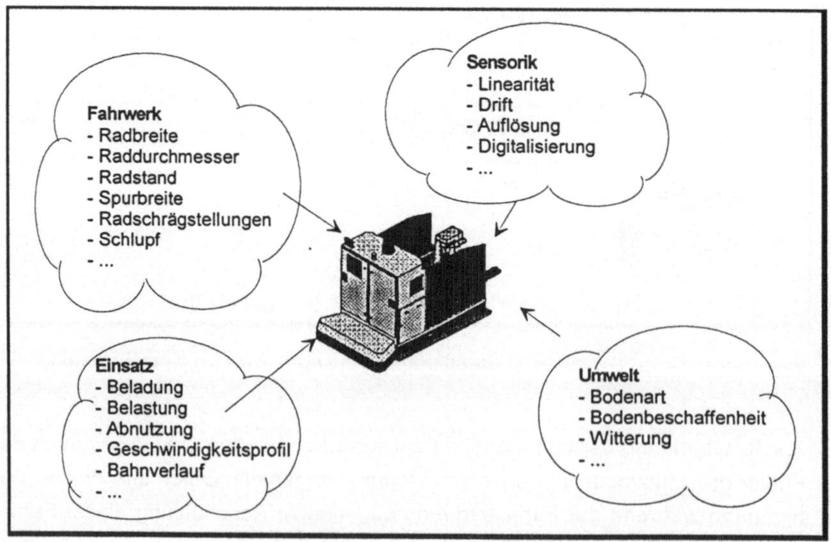

Abb. 3-2:   *Einflußfaktoren auf die Koppelgenauigkeit mobiler Plattformen*

Die unterschiedlichen Einflußfaktoren auf die Genauigkeit der koppelnden Ortung einer mobilen Plattform wirken sich in einer Verfälschung der odometrisch bestimmten Bewegungsgrößen aus. Die nachfolgenden Abschnitte analysieren die Faktoren und ihre Auswirkungen.

Fahrwerk

Einfluß	Beschreibung	Wirkung
Radbreite	In Kurven legen innerer und äußerer Radumfang unterschiedliche Wege zurück. Der momentan exakte Radaufstandspunkt ist unbekannt.	Die gemessene Weglänge oder Geschwindigkeit korreliert nicht mit dem angenommenen Radaufstandspunkt.
Raddurchmesser	Durch äußere Einflüsse (Radlasten) und Abnutzung variiert der Raddurchmesser und damit der Abrollumfang. Bei Ketten treten diese Effekte auch bei Abnutzung der Kettenpolster nicht auf /reimpell_78/, /reimpell_88/.	Der variable Raddurchmesser führt zu ungenauer Ermittlung des zurückgelegten Weges oder der Geschwindigkeit.
Radstand	Fertigungstoleranzen der üblichen Schweißkonstruktionen von Plattformen /din_8570/ führen zu Abweichungen des Radstands vom Nennmaß.	Die gemessene Weglänge oder Geschwindigkeit korreliert nicht mit dem angenommenen Radaufstandspunkt.
Spurbreite	Fertigungstoleranzen der üblichen Schweißkonstruktionen von Plattformen /din_8570/ führen zu Abweichungen der Spurbreite vom Nennmaß.	Die gemessene Weglänge oder Geschwindigkeit korreliert nicht mit dem angenommenen Radaufstandspunkt.
Radschrägstellungen	Durch Montage oder Fertigungstoleranzen sind die Räder nicht parallel zur Fahrzeuglängsachse ausgerichtet, sondern um die Fahrzeughochachse gedreht.	Die Richtung der gemessenen Radgeschwindigkeit weicht von der angenommenen Richtung ab.
Schlupf	Kräfte, die am Umfang des Rades senkrecht zur Fahrzeughochachse angreifen, bewirken eine elastische Raddeformation /mitsch-ke_90/. Das Gleiten der Räder durch Überschreiten des maximal zulässigen Haftreibungskoeffizienten ist davon zu unterscheiden /buschmann_76/, /bussien_65/.	Die gemessene Weglänge bzw. Geschwindigkeit weicht aufgrund der unterschiedlichen Winkelgeschwindigkeiten von Radbandage und Nabe von den realen Werten ab. Querkräfte bewirken eine Änderung der Geschwindigkeitsrichtung.

Abb. 3-3:   Fahrwerkseinflüsse

Einsatz

Einfluß	Beschreibung	Wirkung
Beladung	Zusatzgewicht zum Eigengewicht der Plattform.	Beeinflußt über die Radlasten den Raddurchmesser.
Belastung	Alle Kräfte, die auf die Plattform von außen einwirken, wie Anhängelasten, Windkräfte, Hangabtrieb und Reaktionskräfte von Aggregaten und Bearbeitungseinrichtungen.	Beeinflußt über Antriebsmoment, Seitenkraft und Radlasten den Schlupf und den Raddurchmesser.
Abnutzung	Abrieb der Radbandage.	Beeinflußt den Raddurchmesser.
Geschwindigkeitsprofil	Die Plattformgeschwindigkeit wird bestimmt durch Vorgaben des Bedieners, durch Hindernisse oder Andocksituationen.	Beeinflußt über das Antriebsmoment den Schlupf der angetriebenen Räder.
Bahnverlauf	Bei gekrümmten Bahnen treten Zentrifugalbeschleunigungen auf.	Beeinflußt den Schlupf.

Abb. 3-4:   *Einsatzbedingte Einflüsse*

Umwelt

Einfluß	Beschreibung	Wirkung
Bodenart / Bodenbeschaffenheit / Bodenunebenheiten	Die Art des befahrenen Untergrunds wie PVC, Estrich, Sand,....	Bestimmt die Traktion, die Haft- und Gleiteigenschaften und damit den Schlupf zwischen Fahrwerk und Boden.
Witterung	Meteorologische Faktoren wie Temperatur, Luftfeuchte, Regen, Schnee, Eis etc.	Schlupf zwischen Fahrwerk und Boden sind davon betroffen, aber auch Sensoren und elektronische Schaltungen (Temperaturgang, Genauigkeit).

Abb. 3-5:   *Umwelteinflüsse*

Sensorik

Einfluß	Beschreibung	Wirkung
Linearität	Der Zusammenhang zwischen physikalischer Meßgröße und Ausgangssignal entspricht nicht dem angenommenen Modell.	Beeinflußt die Genauigkeit der direkten Drehratenmessung (proportional zum überstrichenen Drehwinkel) oder die Richtung der gemessenen Geschwindigkeit (Lenkwinkelpotentiometer).
Drift	Der Nullpunkt des Sensors verändert sich statistisch, z.B. bei variabler Temperatur.	Beeinflußt die Genauigkeit der direkten Drehratenmessung (Fehler wächst mit steigender Missionsdauer).
Diskretisierung	Der detektierbare Unterschied zwischen zwei Meßwerten kann höchstens so klein sein wie die Schrittweite des digitalen Aufnehmers sein.	Einflüsse auf die Ortung sind gering, für die Dynamik der Bahnregelung sind sie jedoch entscheidend /jantzer_90/, /hinkel_89/.

Abb. 3-6:   *Sensoreinflüsse*

Für analoge Drehratensensoren sind seit langen Jahren Fehlermodelle zur Verbesserung ihrer Driftstabilität und Linearität bekannt und werden in militärischen, nautischen und Luftfahrtanwendungen eingesetzt. Ihre Parametrierung sowie die Techniken zur Digitalisierung ihrer meist analogen Ausgangssignale sind wohlbekannt. Die verbleibenden Digitalisierungsfehler für mobile Plattformen betreffen den Lenkwinkelgeber bei potentiometrischem Abgriff. Durch den Einsatz geeigneter Sensoren, wie inkrementelle oder absolute Encoder, sind sie einfach zu vermeiden. Sie werden nicht weiter betrachtet.

3.1.2   Wirkungskette

Die Einflußfaktoren lassen sich untergliedern in primäre und sekundäre Einflußfaktoren. Erstere wirken sich direkt auf die koppelnde Ermittlung der Radgeschwindigkeit aus, letztere wirken über die Beeinflussung der primären Faktoren. Für einen ausgewählten Punkt der Plattform bedeutet dies eine Verfälschung bei der Ermittlung des Betrags und / oder der Richtung seiner Geschwindigkeit. Die Wirkungskette der Einflußfaktoren zeigt Abb. 3-7.

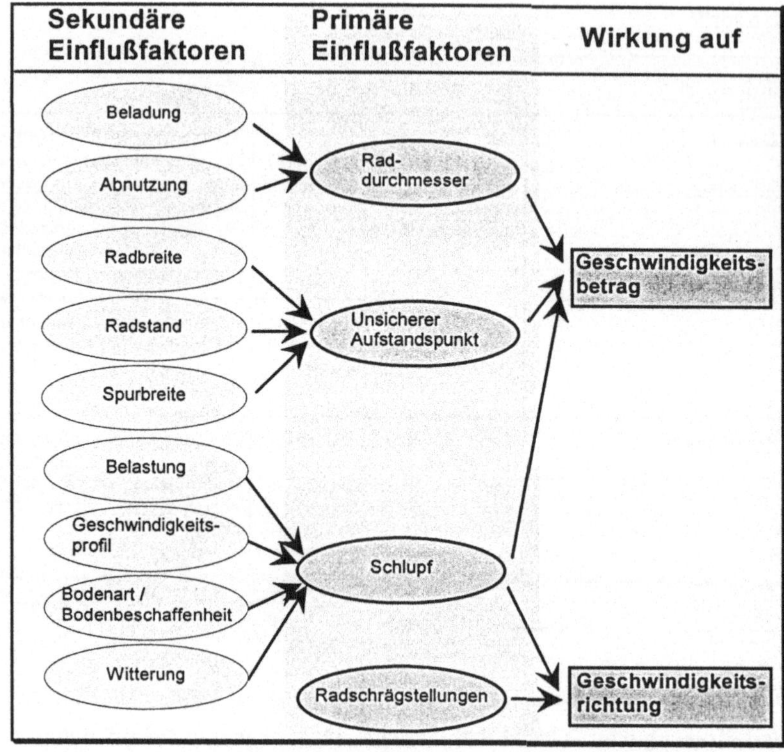

Abb. 3-7:　　　　　Wirkungskette der Einflußfaktoren

3.2　　　Voruntersuchungen zur Relevanz der primären Einflußfaktoren

Zur Bewertung der Relevanz der primären Einflüsse auf die koppelnde Ortung mobiler Plattformen müssen ihre Auswirkungen quantifiziert werden. Nachfolgend werden dazu Aussagen in der Literatur ausgewertet, praktische Erfahrungswerte zugrunde gelegt und theoretische Abschätzungen durchgeführt.

3.2.1 Aussagen in der Literatur

Die Auswertung von 174 Aufsätzen zum Thema Ortung mobiler Plattformen /plocher_94/ hat gezeigt, daß nur wenig konkrete Aussagen oder Messungen dokumentiert sind. Nur 34% aller Veröffentlichungen machen Aussagen über die Ortungsgenauigkeit der betreffenden Plattform. Die Ursachen der Ungenauigkeiten werden nicht quantifiziert. Eine Unterscheidung in primäre und sekundäre Faktoren wird nicht vorgenommen. Abb. 3-8 stellt die Aussagen der untersuchten Literaturstellen über die Ursachen für Ortungsungenauigkeiten zusammen.

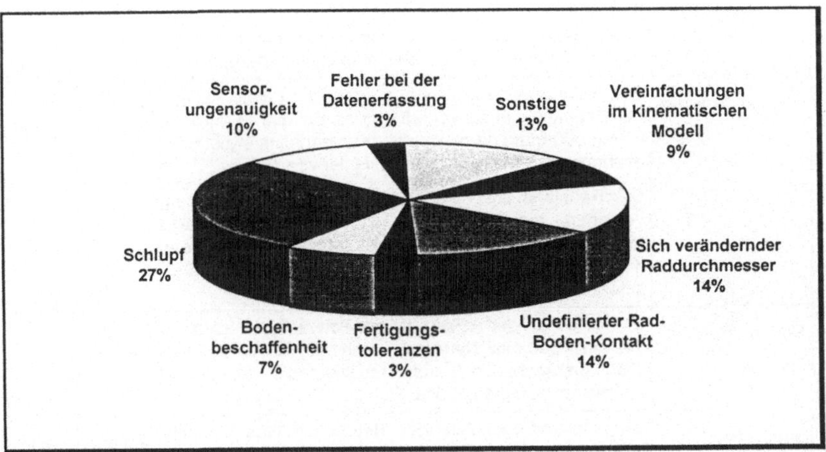

Abb. 3-8:   *Übersicht der in der Fachliteratur genannten Ursachen von Koppelfehlern*

3.2.2 Größenabschätzung primärer Einflußfaktoren

Über die in der Literatur zu findenden qualitativen Aussagen hinaus wird die Relevanz der einzelnen primären Einflußfaktoren bewertet. In exemplarischen Rechnungen, deren Zahlenwerte typischen realisierten Plattformen entsprechen, wird die Beeinflussung von Geschwindigkeitsbetrag und -richtung bestimmt. Der relative Einfluß der jeweiligen Faktoren, ausgedrückt durch die prozentuale Abweichung der Geschwindigkeit vom theoretischen Wert bzw. durch die Richtungsabweichung in Grad wird in Abb. 3-9 dargestellt.

Einflußfaktor	Abschätzung	Einfluß auf Geschwindigkeits-	
		betrag	richtung
Raddurch-messer	Nach /reimpell_78/, /reimpell_88/ kann der Durchmesser von Luftreifen, abhängig von Reifenart und Geschwindigkeit, im Geschwindigkeitsbereich zwischen 0 km/h und 200 km/h um insgesamt ca. 6% schwanken. Abnutzung reduziert bei Kraftfahrzeug-Luftreifen nach /reimpell_78/, /reimpell_88/ den Durchmesser um 2.5%. Die statische Federrate für Vollgummireifen beträgt zwischen 350 N/mm und 1670 N/mm. Bei einer Radlaständerung von 1000 N und einem Raddurchmesser von 400 mm ergibt sich ein maximaler Geschwindigkeitsfehler von 1,4%. Bei Vollgummirädern und Geschwindigkeiten um 2 m/s bestimmt die Abnutzung die Durchmesseränderung.	< 2.5%	–
Aufstandspunkt	Eine Radbreite von 50 mm läßt eine maximale Ablage des Aufstandspunkts von 25 mm zu. Bei einer Spurbreite von 500 mm und minimalem Kurvenradius ergibt sich ein maximaler Geschwindigkeitsfehler von 10%. Der Radstand und die Spurbreite sind mit Toleranzen versehen, die bei 500 - 700 mm Nennmaß nach /din_8570/ 2 mm bis 9 mm betragen. Bei minimalem Kurvenradius ergibt sich dadurch ein maximaler Geschwindigkeitsfehler von 1,3% bzw. 3,6%.	< 10%	–
Radschräg-stellungen	Die Geradheit der Achsen ist mit Toleranzen versehen, die bei 500 mm Nennmaß nach /din_8570/ 20´ bis 1°30´ betragen. Der daraus resultierende Geschwindigkeitsfehler beträgt 0.3‰.	< 0.3‰	< 1°30´
Schlupf	Längsschlupf beeinflußt den Betrag der Geschwindigkeit, Querschlupf ändert auch deren Richtung um den Schräglaufwinkel. Zweiter ist abhängig von einer Kraft quer zum Rad und variiert bei Luftreifen zwischen 0° und ≈ 8°. Typische Werte liegen um 2° /buschmann_76/. In der Literatur /buschmann_76/, /bussien_65/, /mitschke_90/ werden normale Werte für Längsschlupf bei angetriebenen Rädern zwischen 0% und 20% angegeben. Wird das Rad nicht angetrieben, so vermindert sich zwar der Längsschlupf, der Querschlupf bleibt davon jedoch unberührt und kann zur Verfälschung der Geschwindigkeit führen. Arbeiten zu Schräglaufwinkeln und Längsschlupf sind zwar für Kraftfahrzeug-Luftreifen aus der Literatur bekannt /freudenstein_61/, /gauss_59/, /koeßler_64/, für die vielfach bei mobilen Plattformen verwendeten Vollgummi- oder PU-Räder jedoch nicht verfügbar. Ebenso fehlen Messungen zum Verhalten von Gleisketten.	< 20%	< 8°

Abb. 3-9:   *Größenabschätzung primärer Einflußfaktoren*

3.2.3   Auswirkungen auf die Ortungsgenauigkeit

Über die offensichtlichen Auswirkungen einer falsch gemessenen Wegstrecke oder einer lateralen Ablage bei fehlerhaft ermitteltem Geschwindigkeitsbetrag bzw. -richtung hinaus wechselwirken die primären Einflußgrößen speziell bei Kurvenfahrten mit der odometrischen Ortung. Dies liegt in der Verschiebung des Momentanpols der Drehung begründet und führt zu weiteren Positions- und Winkelfehlern der Plattform. Zur Gewichtung der auftretenden Fehler in Betrag und Richtung der Geschwindigkeit wird das Beispiel einer für industrielle Plattformen typischen 90°-Kurve mit einem Kurvenradius von 1 m durchgerechnet. Abb. 3-10 gibt die Ergebnisse wieder.

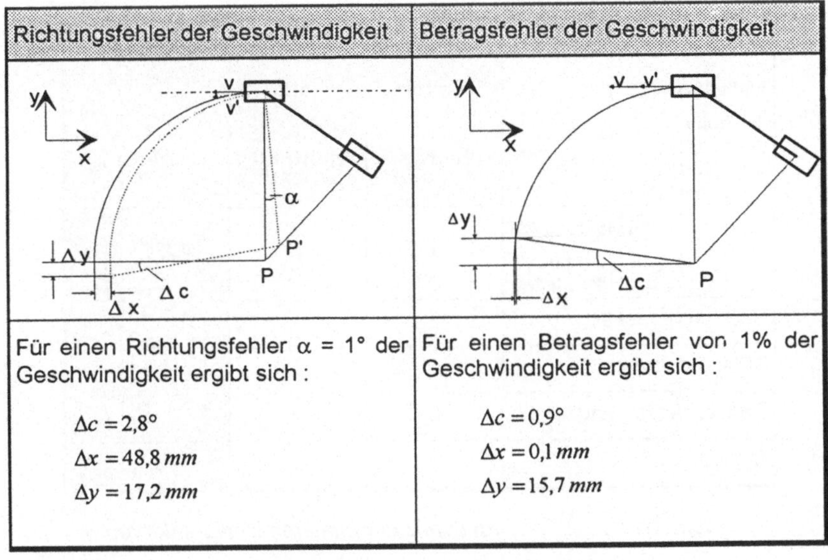

Abb. 3-10:   Ortungsfehler nach einer typischen 90°-Kurve

Verbleibende Richtungsfehler der koppelnden Ortung haben gravierendere Auswirkungen als reine Positionsfehler. Letztere wachsen beim Wegfall der verursachenden Faktoren nicht weiter an, während Winkelfehler proportional zum zurückgelegten Weg zu wachsenden Positionsfehlern führen.

3.2.4   Relevanz primärer Einflußfaktoren

Die bisherigen Betrachtungen wurden für ein einzelnes Rad durchgeführt. Da der ebene Bewegungszustand eines Starrkörpers durch die Bewegungsvektoren zweier Punkte und ihre kinematische Kopplung beschrieben wird, beeinflussen Fehler bei der Bestimmung dieser Bewegungsvektoren direkt die Genauigkeit der koppelnden Ortung. Die Art der Wirkung wird bestimmt durch die Kinematik des Fahrwerks.

Damit ist eine Bewertung der Relevanz der primären Einflußfaktoren zusammenfassend möglich. Dabei wird der Einfluß des jeweiligen Faktors [EF] betrachtet und gewichtet mit seiner Auswirkung auf die Ortungsgenauigkeit [G]. Abb. 3-11 stellt die Bewertung dar.

Einflußfaktor [EF] 9 = hoch 6 = mittel 3 = niedrig 0 = unbeeinflußt	Geschwindigkeits-		
	betrag	richtung	Bewertung
Gewichtung [G] 2 = hoch 1 = niedrig	1	2	$= \Sigma\, EF \cdot G$
Raddurchmesser	3	0	3
Aufstandspunkt	6	0	6
Radschrägstellung	0	3	6
Schlupf	9	9	27

Abb. 3-11:   Relevanz der primären Einflußfaktoren

Die Bewertung zeigt, daß Schlupf der mit Abstand bedeutendste Einflußfaktor ist. Damit werden die Aussagen der Literatur bestätigt, wo Schlupf zwar häufig genannt, aber weder quantifiziert noch gegenüber anderen Einflußfaktoren abgegrenzt wird. Somit ist bei der nachfolgenden Modellierung der Wirkung der Einflußfaktoren primär der Schlupf zu beschreiben.

3.3 Analyse der Verfahren zur Kalibrierung koppelnder Ortungseinheiten

Mobile Plattformen für den industriellen Einsatz oder für den Dienstleistungsbereich werden bislang überwiegend von Instituten oder Entwicklungslabors gebaut und vorgestellt. Nach einer Analyse der Aussagen von Herstellern wird die Überprüfung der Fahrzeuge und ihrer Komponenten in Versuchsfahrten manuell durchgeführt, die sich über mehrere Tage erstrecken können. Der Geschwindigkeitsbereich der Fahrzeuge liegt dabei zwischen 0.1 m/s und 1.5 m/s.

In der Literatur sind Angaben zur Durchführung dieser Kalibrierfahrten nur sehr spärlich zu finden; nur zehn Prozent der Autoren machen dazu Angaben /plocher_94/.

Beim überwiegend angewendeten Verfahren für die Kalibrierung der Ortungseinheiten werden Markierungen auf dem Boden angebracht, vermessen und das zu prüfende Fahrzeug entlang dieser Markierungen gefahren. Die Kontrolle erfolgt durch manuelles Ausmessen der Fahrzeugablage an Haltepunkten relativ zur aufgezeichneten Bahn.

Vereinzelt wird am Fahrzeug ein Schreiber angebracht, der eine Spur auf den Boden zeichnet. Auch sie wird aufgrund des damit verbundenen Aufwands nur an einzelnen Punkten vermessen.

Für die Vermessung der Bodenmarkierungen wie auch der Plattformablagen werden Maßbänder oder Maßstäbe benutzt. Beide Methoden liefern Werte, deren Genauigkeit im Bereich von einigen Millimetern liegt (2 mm bis 10 mm). Die damit zu vermessenden Parcours sind auf Flächen von ca. 20 m Kantenlänge beschränkt.

Die Auswertung der Bahnabweichungen wird zur Korrektur der Parameter wirksamer Raddurchmesser, Spurbreite oder Nullstellung des Lenkwinkelpotentiometers benutzt. Rückschlüsse auf die Ursachen der Ablagen, die darüber hinausgehen, werden nur intuitiv mit Hinweisen auf die im Einzelfall vorliegenden speziellen Randbedingungen gezogen.

3.4   Folgerungen aus den Analyseergebnissen

Die Analyse der unterschiedlichen Einflußfaktoren auf koppelnde Ortungseinheiten zeigt, daß ihre Auswirkungen zusammengefaßt werden können in die
Beeinflussung von Betrag und Richtung der Geschwindigkeit.

Eine Modellierung der relevanten primären Einflußfaktoren unter Berücksichtigung der wesentlichen physikalischen Effekte ist Voraussetzung für die Kompensation ihrer Auswirkungen.

Die derzeitigen Kalibrierungsverfahren sind besonders bei der Durchführung
der Testfahrten sehr arbeits- und zeitaufwendig und wenig flexibel. Geänderte
Fahrkurse erfordern die neuerliche manuelle Vermessung der Referenzmarken.
Zudem ist eine kontinuierliche Messung der Fahrzeugablagen von der vorgegebenen Bahn und damit die Zuordnung der Ablagen zu einzelnen Abschnitten
der Fahrzeugbewegung nicht möglich. Ein Verfahren zur automatischen Vermessung der Bewegungsbahn beliebiger Plattformen wird benötigt, das die
Bahndaten in einer Form vermißt, die den Vergleich mit den plattformintern gekoppelten Werten ermöglicht.

3.5   Anforderungen an ein System zur automatischen Ka-
librierung der koppelnden Ortungseinheit mobiler
Plattformen

3.5.1   Festlegung der Teilfunktionen

Die Analyse zeigt, daß ein System zur automatischen Kalibrierung von Ortungseinheiten mobiler Plattformen folgende Teilfunktionen erfüllen muß:

- Vermessung der Bewegungsbahn

- Schlupfmodellierung

- Bahnvergleich zwischen intern gekoppelter und extern vermessener Bahn

- Bestimmung der Modellparameter

Die Struktur des Gesamtsystems und die Beziehungen zwischen den Teilfunktionen sind in Abb. 3-12 dargestellt.

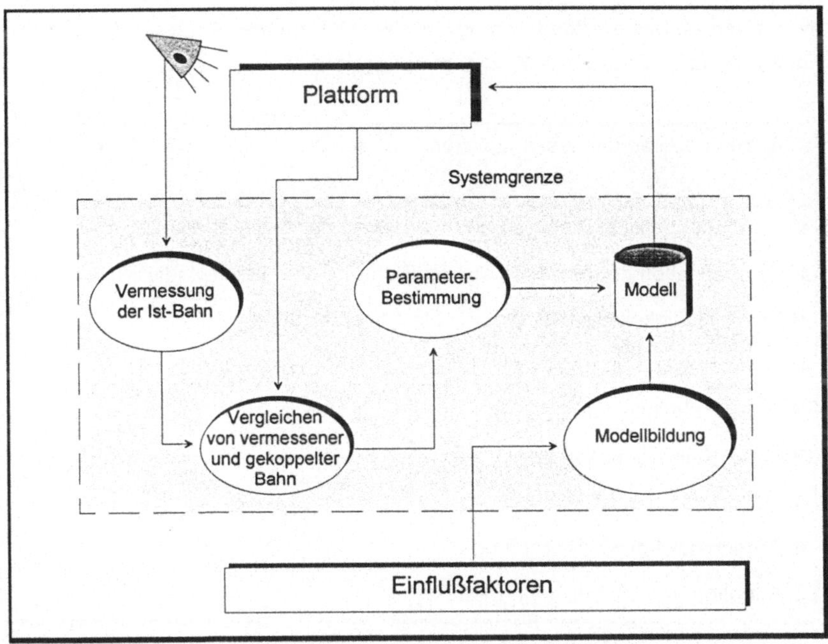

Abb. 3-12:   *Struktur der Funktionen eines Systems zur Kalibrierung der koppelnden Ortung mobiler Plattformen*

Wie die Analyse ergeben hat, sind Systeme, die die gestellte Aufgabe erfüllen, nicht verfügbar. Für das Gesamtsystem und die identifizierten Entwicklungsschwerpunkte werden die Anforderungen ausgearbeitet und zusammengestellt.

3.5.2 Anforderungen an das Gesamtsystem

Die zunehmende Einführung mobiler Plattformen in unterschiedliche Einsatzumgebungen erfordert die Kalibrierung der Ortungseinheiten sowohl zeitlich als auch personell zu straffen und zusätzlich die Möglichkeit zu schaffen, bei der Inbetriebnahme und im Servicefall am Einsatzort geeignete Werkzeuge für eine effiziente Rekalibrierung zur Verfügung zu haben. Der Leistungsumfang des Systems soll die Leistungen derzeitiger Plattformen sowohl im Vermessungsbereich als auch in der Fahrzeuggeschwindigkeit abdecken. Für die Benutzung als QS-Instrument ist die optimale Anpassung an einen bestimmten Plattformtyp erforderlich. Darüber hinaus sollte ein Einsatz an verschiedenen Plattformen durch einfache Adaption möglich sein. Die aus der Analyse abgeleiteten Forderungen sind in Abb. 3-13 zusammengestellt.

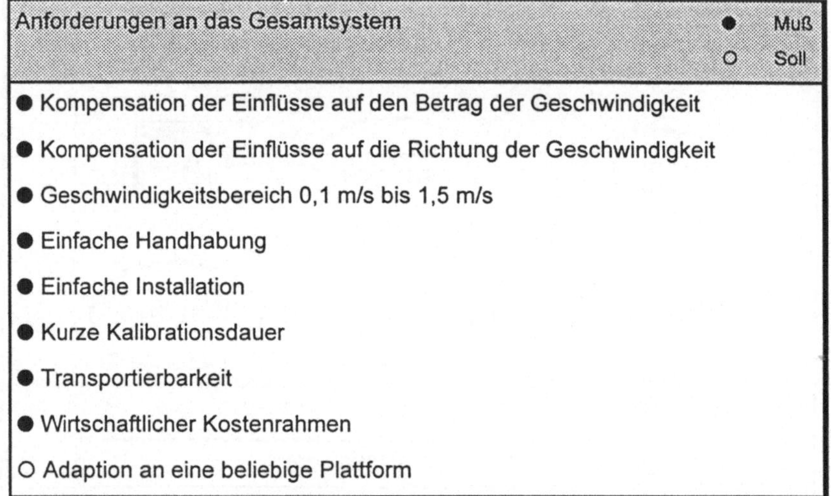

Abb. 3-13:   Anforderungen an das Gesamtsystem

3.5.3   Anforderungen an das Vermessungssystem

Zusätzlich zu den Anforderungen an das Gesamtsystem ergeben sich aus der Analyse Anforderungen an den Meßbereich, an die Genauigkeit der eingesetzten Sensoren und an die zulässige Meßzeit. Für eine triangulatorische Messung ergeben sich Forderungen für die Winkelgenauigkeit und Auflösung, bei trilateratorischer Messung für Genauigkeit und Auflösung der Längenmessung. Die maximal zulässige Meßzeit für eine Einzelmessung resultiert aus der maximalen Geschwindigkeit der Plattform, der geforderten Positionsgenauigkeit und der Geometrie der Vermessung. Für die Realisierung des Vermessungssystems sollte der Zielvorgang auf die Plattform möglichst einfach sein und kostspielige Regelungstechnik vermieden werden. In Abb. 3-14 sind die Anforderungen an das Vermessungssystem zusammengestellt.

-45-

<table>
<tr><td colspan="2">Anforderungen an das Vermessungssystem</td><td>●</td><td>Muß</td></tr>
<tr><td colspan="2"></td><td>O</td><td>Soll</td></tr>
</table>

Längenmessung:

● Auflösung: << 1 cm

● Meßgenauigkeit: << 1 cm

● Meßbereich: > 10 m

● Maximale Meßzeit: < 6,5 ms

Winkelmessung:

● Auflösung: 13 bit

● Meßgenauigkeit: <<3´

● Meßbereich: 360°

● Maximale Meßzeit: < 6,5 ms

Weitere Anforderungen:

● Synchronisation zur Erfassung der plattforminternen Meßwerte

● Vermessung von Position und Orientierung

O Einfacher Zielvorgang auf die Plattform

Abb. 3-14:   *Anforderungen an das Vermessungssystem*

3.5.4   Anforderungen an die Modellbildung

Die Wirkung der primären Einflußfaktoren auf Betrag und Richtung der Geschwindigkeit der Plattform ist zu modellieren. Dabei sollen die physikalischen Zusammenhänge zwischen dem Bewegungszustand der Plattform und der Größe der Einflußfaktoren erkennbar werden, um die Relevanz des betreffenden Faktors im Versuch überprüfen zu können. In Abb. 3-15 sind die Anforderungen an die Modellbildung zusammengefaßt.

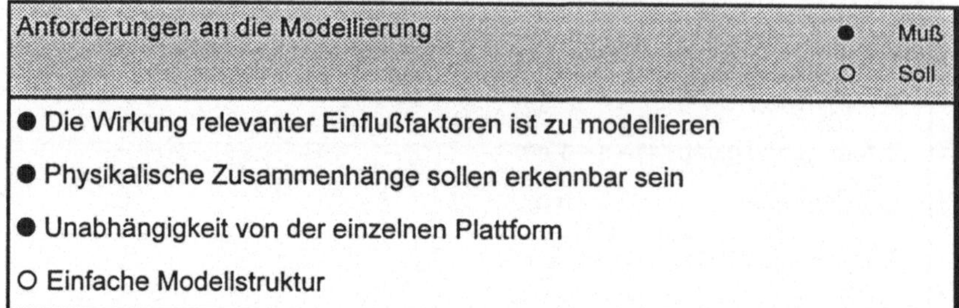

Abb. 3-15:   *Anforderungen an Modellierung und Parametrierung*

3.5.5   Anforderungen an Bahnvergleich und Parameterbestimmung

Die vermessenen und gekoppelten Bahndaten der Plattform sind so zu vergleichen, daß kumulierte Differenzen die Vergleiche nicht beeinflussen. Nur zeitsynchron aufgenommene Daten dürfen benutzt werden. Die Algorithmen zur Bestimmung der Modellparameter sind so zu konzipieren, daß der numerische Aufwand möglichst begrenzt bleibt und die Rechenleistung eines Industrie-PC dafür ausreicht. Die Parameterbestimmung muß in der Lage sein, Unstetigkeiten oder Sprünge der Meßwerte, die aufgrund der zeitdiskreten Messung von Bahnpunkten auftreten können, zu verarbeiten. In Abb. 3-16 sind die Anforderungen an Bahnvergleich und Parameterbestimmung zusammengestellt.

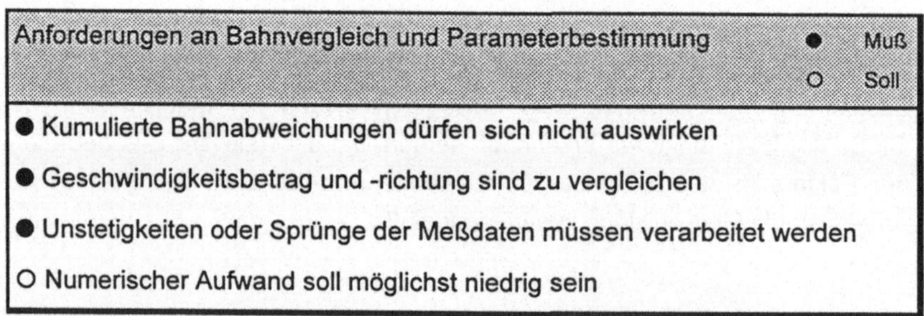

Abb. 3-16:   *Forderungen an Bahnvergleich und Parameterbestimmung*

4   Konzeption von Teilsystemen

Für die im vorangehenden Kapitel festgelegten Teilfunktionen werden folgende korrespondierende Teilsysteme konzipiert:

- System zur Vermessung der Bewegungsbahn

- Schlupfmodell

- Bahnvergleich und Parameterbestimmung

4.1   Konzeption des Vermessungssystems

Für die Vermessung der ebenen Bahn und Orientierung einer mobilen Plattform unabhängig von ihrer koppelnden Ortung stehen prinzipiell die Möglichkeiten

- 3-fache Winkelmessung (Triangulation),

- 3-fache Längenmessung (Trilateration) sowie

- Kombinationen von Winkel- und Längenmessung

zur Verfügung.

Die Meßgeräte können

- stationär oder

- mobil auf der Plattform

angebracht sein. An die verschiedenen prinzipiellen Methoden sind die Anforderungen zu stellen, die sowohl für das Gesamtsystem, als auch für das Vermessungssystem gelten.

Die Erfüllung der spezifizierten funktionalen Anforderungen, wie Meßbereich oder Auflösung, ist mit allen Verfahren gleichermaßen möglich. Die Erfüllung der geforderten Genauigkeit bei triangulatorischen Methoden ist aufgrund der benötigten Qualität des Zielvorgangs innerhalb der kurzen Meßzeit schwierig. Bei Verfahren der Längenmessung tritt dieses Problem nur bei berührungslos arbeitenden Sensoren auf. Die Synchronisation zwischen plattforminterner Datenerfassung und Bahnvermessung kann bei mobil auf der Plattform montierten Vermessungssensoren leichter gelöst werden. Die erforderliche Montage des Vermessungssystems an die Plattform wird u.U. durch eine spezielle

Bauausführung bei mobilen Systemen erschwert, was einen entsprechenden Justageaufwand erfordert und die Handhabung der Systeme erschwert. Insbesondere im Hinblick auf die erforderliche Genauigkeit des Zielvorgangs bei triangulatorischen Systemen werden die Kosten dafür einen beträchtlichen Umfang einnehmen, wie bei vergleichbaren derzeit verfügbaren Systemen für andere Anwendungen festzustellen ist /ibeo_94/. Damit ergibt sich die in Abb. 4-1 dargestellte Bewertung.

● Einfach erfüllbar ◗ Bedingt erfüllbar ○ Schwierig erfüllbar	Leistungs-anforderungen				Weitere Anforderungen					
Vermessungsmethoden	Auflösung	Meßgenauigkeit	Meßbereich	Meßzeit	Synchronisation	Adaption an beliebige Plattformen	Einfache Handhabung	Transportierbarkeit	Wirtschaftlicher Kostenrahmen	Reihenfolge der Bewertung
Stationär:										
Triangulation	●	○	●	●	◗	◗	●	●	◗	2
Trilateration	●	◗	●	●	◗	●	●	●	●	1
Mobil:										
Triangulation	●	○	●	●	●	○	○	●	◗	4
Trilateration	●	◗	●	●	●	○	○	●	●	2

Abb. 4-1:   *Auswahl von Vermessungsprinzipien*

Die zusammenfassende Bewertung der physikalischen Meßprinzipien macht deutlich, daß ein stationär arbeitendes trilateratorisches Verfahren für die angestrebte Vermessungsaufgabe am besten geeignet ist.

4.1.1 Sensorauswahl

Für die Längenmessung innerhalb des Vermessungssystems sind Sensoren zu wählen, die die spezifizierten Leistungsdaten erfüllen. Als Basis für die Auswahl der Sensoren zur Längenmessung zeigt Abb. 4-2 ihre Leistungsdaten und technischen Eigenschaften /schiessle_92/, /schnell_91/.

	Physikalisches Prinzip	Abtastung	Beispiele technischer Produkte	Typische Leistungsdaten: Auflösung / Genauigkeit Meßbereich Meßzeit	Anmerkungen
Berührend	Mechanisch • Seil	Rolle mit Inkrementalkodierung	Seilzugsensor	0.2 mm / 200 - 2000 ppm f.sc. 0,1 m - 30 m < 1 ms	Seildehnungseinfluß
	• Stab	Analogkodierung	Linearpotentiometer	< 0.01 mm 5 mm - 500 mm < 1 ms	Maßverkörperung hat fixe Länge
		Inkrementalkodierung	Glasmaßstab	< 0.001 mm / < 0.001 mm 0,1 m - 10 m < 1 ms	
		Absolutkodierung	Zollstock	$\approx$ 1 mm / $\approx$ 1 mm 0,5 m - 2 m $\approx$ 2 s	
	• Band	Inkrementalkodierung	Induktiver / Magnetischer Strichcode	< 0.001 mm / < 0.001 mm 0,1 m - 10 m < 1 ms	Maßverkörperung kann begrenzt verformt werden
		Absolutkodierung	Maßband Weg-Kodiersystem	$\approx$ 1 mm / $\approx$ 2 mm 0,1 m - 300 m < 1 ms	
Berührungslos	Optisch	Laufzeitmessung des reflektierten Strahls	Lasermeßsysteme für große Reichweite	$\approx$ 1 mm / $\approx$ 5 mm 1 m - > 1 km $\approx$ 0.5 s	Meßgenauigkeit hängt von der Meßzeit ab
		Interferenz von originärem und reflektiertem Strahl	Interferometer	< 0.001 mm / < 0.001 mm < 1 mm - 10 m < 1 ms	Ausgerichtete Reflektoren erforderlich
		Triangulation zwischen originärem und reflektiertem Strahl	PSD-Sensoren	$\dfrac{\text{Meßbereich}}{\text{Auflösung}} \approx 1000$ 5 mm - 500 mm < 1 ms	Auflösung und Meßbereich direkt gekoppelt
	Akustisch	Laufzeitmessung des Echos	Ultraschallsensoren	$\approx$ 1 mm / $\approx$ 2 mm 0.5 m - 15 m 10 ms - 200 ms	Durch den großen Öffnungswinkel de Schallkeule kein genaues "Zielen" möglich
	Elektromagnetisch	Laufzeitmessung bzw. Messung von Laufzeitdifferenzen oder Phasenunterschieden	GPS, RADAR, DME, LORAN, DECCA, DECTRA, OMEGA	< 1 m - 5 km 10 km - > 10000 km < 50 ms	Teilweise stationäre Sender benötigt; Genauigkeit ist abhängig von der Wellenlänge

Abb. 4-2:   *Sensoren zur Längenmessung*

Die Beurteilung der möglichen Sensorverfahren zur Längenmessung anhand der ausgearbeiteten Anforderungen nimmt die Tabelle in Abb. 4-3 vor.

● Einfach erfüllbar ◗ Bedingt erfüllbar ○ Schwierig erfüllbar Sensorverfahren	Geforderte Leistungsdaten				Weitere Anforderungen					
	Auflösung << 1cm	Meßgenauigkeit << 1cm	Meßbereich > 10 m	Maximale Meßzeit < 6.5 ms	Wirtschaftlicher Kostenrahmen	Einfache Handhabung	Einfache Installation	Transportierbarkeit	Einfacher Zielvorgang	Reihenfolge der Bewertung
Maßstab	●	●	●	●	◗	○	◗	◗	●	5
Maßband	●	●	●	●	●	◗	◗	●	◗	2
Meßseil	●	◗	●	●	●	●	●	●	●	1
Optischer Laufzeitmesser	●	●	●	○	◗	●	●	●	○	5
Optisches Interferometer	●	●	◗	●	○	◗	◗	●	○	7
Optischer Triangulator	●	●	○	●	●	●	●	●	○	3
Ultraschallsensor	●	●	●	○	●	●	●	●	○	3
Elektromagnet. System	○	○	●	◗	○	◗	○	○	●	8

Abb. 4-3:   *Bewertung der verschiedenen Sensorverfahren*

Die Erfüllung aller Anforderungen qualifiziert das Meßseilverfahren für das zu entwickelnde Sensorsystem.

Das trilateratorische Vermessungssystem muß aus stationären Seilzugsensoren aufgebaut sein, welche die Länge zu bekannten Referenzpunkten ermitteln. Die Meßseile sind mit zwei Punkten des Fahrzeugs zu verbinden, um für die Bestimmung der Bahnkurve eines beliebigen Fahrzeugpunkts auch die Orientierung der Plattform detektieren zu können. Das Vermessungssystem ist also aus drei Seilzugsensoren aufzubauen.

4.1.2　　　Synchronisation

Für die Synchronisation der Datenerfassung zwischen dem Vermessungssystem und der plattforminternen Ortung bestehen prinzipiell zwei Möglichkeiten:

- Einstellen eines festen Takts der Meßdatenerfassung und

- Übermittlung eines Triggersignals.

Nicht alle Steuerungen mobiler Plattformen erfassen die Meßwerte für die koppelnde Ortung in äquidistanten Zeitintervallen sondern je nach Auslastung des Fahrzeugrechners in variablen Zeitabständen. Die zusätzliche Erfassung einer Zeitkodierung wird nicht durchgeführt. Dies macht die Synchronisation über einen festen Takt bei derartigen Steuerungen unmöglich.

Die Generierung eines Triggersignals und seine Ausgabe über einen digitalen Ausgang ist zwar ebenfalls selten vorgesehen, aber die Implementierung auf der Fahrzeugsteuerung ist normalerweise problemlos möglich.

Für die Übertragung des Triggersignals an das Vermessungssystem bestehen drei Möglichkeiten:

- Drahtlose Datenübertragung (z.B. Funk, Infrarot)

- Übertragung durch separates Kabel

- Übertragung durch die metallischen Meßseile

Die hohen Anforderungen an die zulässige Zeitverzögerung bei der Meßdatenerfassung machen eine drahtlose Datenübertragung schwierig. Darüber hinaus führt diese Lösung zu einem beträchtlichen zusätzlichen Hardwareaufwand.

Die Triggerung über ein separates Kabel schränkt die Bewegungsfreiheit der Plattform und den Bedienkomfort in einem nicht vertretbaren Maße ein.

Die metallischen Drähte der Meßseilsensoren sind mit der Plattform verbunden. Ihr zusätzlicher Einsatz als Mittel zur Übertragung des Triggersignals schränkt die Bewegungsfreiheit der Plattform und den Bedienkomfort nicht ein und bedeutet, verglichen mit der drahtlosen Übertragung des Triggersignals, nur einen geringen Mehraufwand bei der Realisierung.

4.1.3 Meßdatenerfassung

Die ausgewählten Seilzugsensoren messen die ausgezogene Seillänge über die Anzahl der Umdrehungen der Seiltrommel mit Hilfe von Inkrementalgebern. Zur Steigerung ihrer Genauigkeit für dynamische Messungen werden zusätzliche Sensoren zur Messung der Seilkraft erforderlich.

Für die Struktur der Datenerfassung kommen die Konzeptvarianten

- Sternstruktur ohne Datenvorverarbeitung,

- Sternstruktur mit Datenvorverarbeitung und

- Busstruktur mit Datenvorverarbeitung

in Frage. Die Möglichkeit einer Busstruktur ohne Datenvorverarbeitung wurde nicht betrachtet, da für die A/D-Wandlung und Protokollkonvertierung ein Mikrorechner einzusetzen ist und seine Kapazität auch für die Datenvorverarbeitung genutzt werden kann.

Bei der Sternstruktur ohne Datenvorverarbeitung liefern die räumlich verteilten Sensorkomponenten ihre Signale direkt ohne Vorverarbeitung an den Meßplatzrechner. Hier werden die Signale erfaßt, umgewandelt und ausgewertet. Zur Sicherung der Signalübertragung müssen Treiber bzw. Verstärker eingesetzt werden.

Bei der Sternstruktur mit Datenvorverarbeitung werden die Signale der Sensorkomponenten vor Ort auf den räumlich verteilten Sensoren erfaßt und die aktuelle Seillänge daraus berechnet. Sie wird über eine PTP-Datenübertragung an den Meßplatzrechner übermittelt.

Bei der Busstruktur mit Datenvorverarbeitung werden die Signale der Sensorkomponenten ebenfalls vor Ort auf den räumlich verteilten Sensoren erfaßt und die aktuelle Seillänge daraus berechnet. Sie wird über eine Bus-Verbindung an den Meßplatzrechner übermittelt.

Bei allen Konzepten wird die Berechnung der Koordinaten des vermessenen Plattformpunktes im Meßplatzrechner durchgeführt und dort gespeichert. Eine On-Line-Berechnung der Parameter ist nicht möglich, da die Daten der plattforminternen Ortung i.a. nicht während sondern erst am Ende der Versuchsfahrt zur Verfügung stehen.

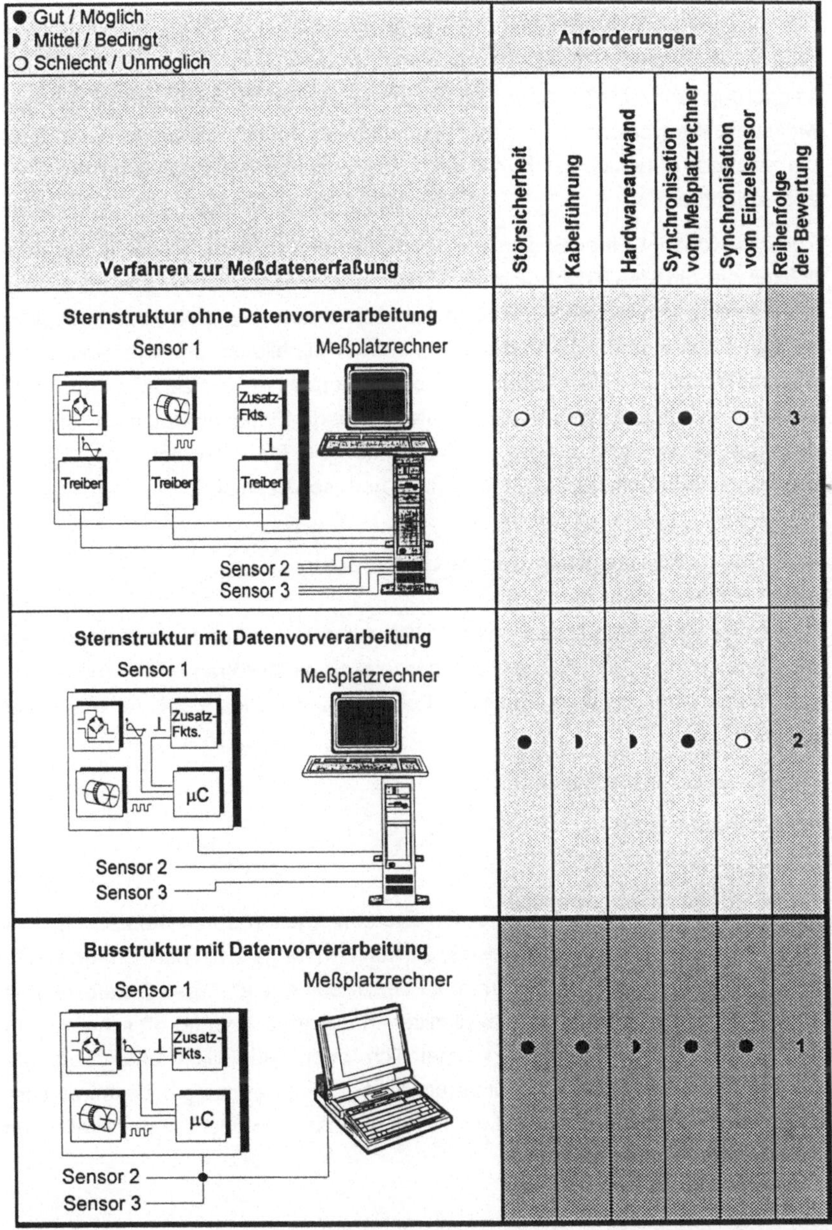

Abb. 4-4:   *Bewertung der Strukturkonzepte zur Meßdatenerfassung*

Für eine schnelle Reaktion auf das über die Meßseile übertragene Triggersignal ist die direkte Triggerung über den Einzelsensor vorteilhaft. Bei einer Triggerung vom Meßplatzrechner ergibt sich eine Zeitverzögerung bis zur Messung, die der doppelten Übertragungsdauer vom Einzelsensor zum Meßplatzrechner entspricht. Abb. 4-4 zeigt das Ergebnis der Bewertung der Konzeptvarianten.

Für das Konzept einer Busstruktur mit Datenvorverarbeitung spricht die Möglichkeit der direkten Triggerung der Messung vom Einzelsensor aus. Ein weiterer Vorteil, der besonders der einfachen Handhabung zugute kommt, liegt im geringen Aufwand für die Verkabelung bei der Installation des Systems. Demgegenüber fällt der Mehraufwand für die Mikrorechner und Buskonverter eher bescheiden aus, da diese Bausteine als integrierte Einheiten erhältlich sind und auch bei einer Sternstruktur die Aufwendungen für entsprechende Treiber, Wandler und Schnittstellenkarten nicht zu unterschätzen sind.

4.2 Konzeption der Modellbildung

Das zu konzipierende Modell soll die Wirkung der primären Einflußfaktoren auf die Abweichungen der Plattformgeschwindigkeit nach Betrag und Richtung von den Werten bei idealem Kontaktverhalten und Abrollen beschreiben. Dafür kommen

- physikalische Modelle und

- empirische Modelle

in Betracht.

Bei physikalischen Modellen wird das Systemverhalten durch theoretisch oder experimentell ermittelte physikalische Zusammenhänge zwischen Ein- und Ausgangsgrößen dargestellt, die formal zu beschreiben sind. Diese Darstellung ist aufgrund der Komplexität der physikalischen Zusammenhänge oft schwierig. In den Modellen bleiben daher vermeintlich oder tatsächlich untergeordnete Effekte oder Schmutzeffekte unberücksichtigt. Für formal gut beschreibbare Zusammenhänge erlauben die Modelle klare Aussagen über die physikalischen Wirkungsmechanismen.

Bei empirischen Modellen wird das Systemverhalten durch Abbildungen beschrieben, die zwar die Zusammenhänge zwischen Ein- und Ausgangsgrößen nachbilden, aber kein Abbild der physikalischen Wirkungszusammenhänge sind. Die Abbildungsbeschreibungen sind universal und benötigen kein Systemverständnis, was die vorurteilsfreie Modellierung erleichtert. Aussagen über die physikalischen Wirkungsmechanismen werden jedoch nicht ermöglicht.

Die Bewertung der verschiedenartigen Modellstrukturen anhand der Anforderungen zeigt Abb. 4-5.

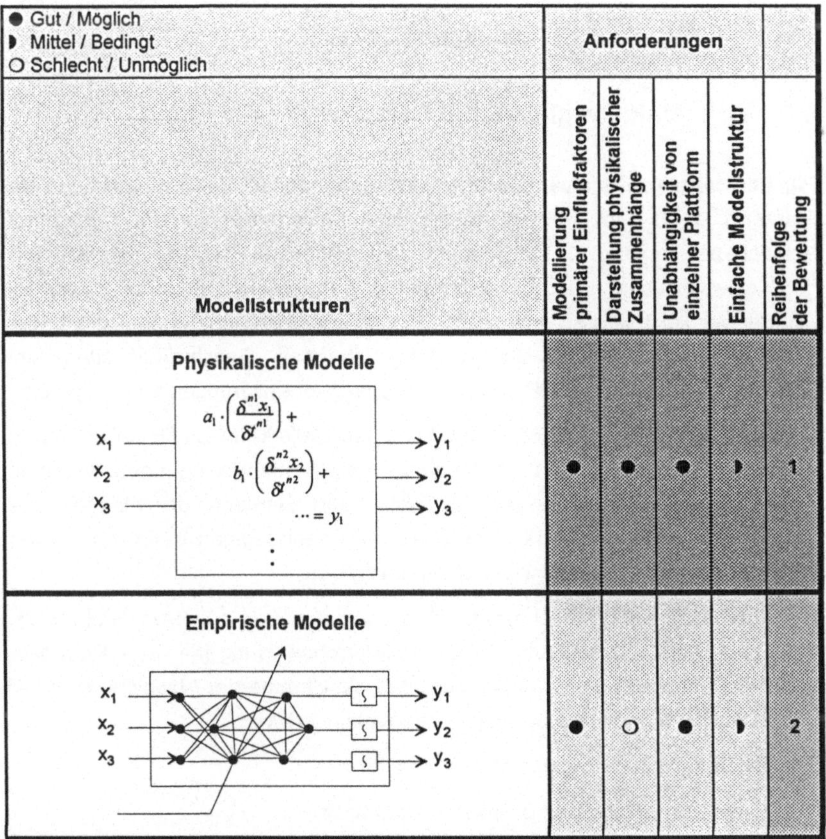

Abb. 4-5:   *Bewertung der Modellstrukturkonzepte*

Aufgrund der Bewertung in Abb. 4-5 wird eine physikalische Modellstruktur ausgewählt.

Auch physikalische Modelle erlauben die Darstellung des Bezugs zwischen Eingangs- und Ausgangsgrößen in Form von Wertetabellen oder Gewichtsfunktionen etc. Hierbei sind deren Funktionswerte aber als Parameter aufzufassen, die sich jedoch meist einer klaren, offensichtlichen physikalischen Interpretation entziehen.

Bei parametrischen physikalischen Modellen ist über die Interpretation der Parameter die Beurteilung der Wirkungszusammenhänge möglich. Faktoren von geringem Einfluß können erkannt und vernachlässigt werden. Dabei vereinfacht sich die Komplexität des Modells entsprechend.

4.3 Bahnvergleich und Parameterbestimmung

Für den Vergleich der vermessenen und gekoppelten Geschwindigkeiten der Plattform ist zu beachten, daß aufgrund kumulierter Fehler der koppelnden Positionsbestimmung für ein betrachtetes Zeitintervall die Anfangsorientierungen der vermessenen und der gekoppelten Bahnen nicht übereinstimmen. Ein direkter Vergleich ist also unzulässig, da sich kumulierende Bahnabweichungen nicht auswirken dürfen. Die zu vergleichenden Geschwindigkeiten sind demnach zunächst um die Differenz der Anfangsorientierungen zu korrigieren.

Die Bestimmung der Parameter des Schlupfmodells kann als Optimierungsaufgabe einer Funktion mehrerer Variablen ohne Nebenbedingungen betrachtet werden. Die zu optimierenden Parameter sind Elemente der Menge reeler Zahlen und keine Funktionen einer weiteren unabhängigen Variablen, es liegt also eine Aufgabe der statischen Optimierung vor.

Dabei sind aus n Beobachtungen des Schlupfes und n korrespondierenden Messungen des Zustandsvektors der Plattformbewegung $[r]^k$ die k Parameter des Schlupfmodells so zu bestimmen, daß die Summe der Abweichungen zwischen Schlupfmodell und Beobachtungen minimiert wird.

Für die Optimierung kommen Verfahren wie

- Gradientenverfahren (z.B. Newton-Verfahren),

- Methode der kleinsten Quadrate (Least Square [LS]) oder

- Evolutionsstrategien

in Betracht.

Gradientenverfahren erfordern besonders für mehrdimensionale Optimierungsaufgaben ein hohes Maß an numerischem Aufwand und einen hinreichend glatten Verlauf des zu optimierenden Gütefunktionals.

Die LS-Methode wurde entwickelt im Zusammenhang mit der Beobachtung von Planetenbahnen. Die dabei formulierte Aufgabe gleicht ihrem Wesen nach der vorliegenden Aufgabe der Optimierung des Schlupfmodells. Der numerische Aufwand bei der LS-Methode bleibt begrenzt, da keine Iterationen durchzuführen sind. Die durchzuführende Matrixinversion ist aufgrund der begrenzten Ordnung k der Matrix unproblematisch. Unstetigkeiten oder Sprünge der Meßwerte des Plattformzustandes und Beobachtungen des Schlupfes führen nicht zu einem Versagen der Methode.

Evolutionsstrategische Verfahren führen, ausgehend von mehreren Anfangslösungen, unter Anwendung der Prinzipien 'Selektion', 'Mutation' und 'Vererbung' in iterativen Schritten in die Nähe des angestrebten Optimums. Die Anzahl der Iterationen und damit der numerische Aufwand kann groß werden (50 bis über 500 Schritte).

Somit eignet sich die LS-Methode für die vorliegende Aufgabe der Optimierung der Schlupfmodellparameter. Ihre rekursive Formulierung wird nicht benötigt, da alle Meß- und Beobachtungswerte bei ihrer Ausführung vorliegen. Die Methode der adaptiven kleinsten Quadrate ist zu vermeiden, da die zu ermittelnden Parameter das Verhalten einer Plattform global und nicht nur temporär beschreiben sollen.

5   Entwicklung des Verfahrens

Die Wirkungen der primären Einflußfaktoren Schlupf und Schräglaufwinkel auf die koppelnde Ortung einer mobilen Plattform sollen während der Fahrt on-line berechnet werden und damit die Koppelnavigation verbessern. Der eingeschlagene Lösungsweg sieht daher folgende Schritte zur Modellierung von Schlupf und Schräglaufwinkel vor:

- Messung von Schlupf und Schräglaufwinkel in Versuchsfahrten

- Modellierung von Schlupf und Schräglaufwinkel

- Bestimmung der Modellparameter

5.1   Entwicklung des Vermessungssystems

Nach Kap. 4.1 ist das Vermessungssystem aus drei transportablen Seilzugsensoren aufzubauen. Damit muß die gegenseitige Position der Geber vor jeder Vermessung zu ermitteln sein und daraus das Vermessungskoordinatensystem berechnet werden können. Der Benutzer benötigt dazu die mögliche Genauigkeit der Vermessung bei der jeweiligen Aufstellung des Systems bzw. die Kenntnis über die optimale Aufstellung der Geber.

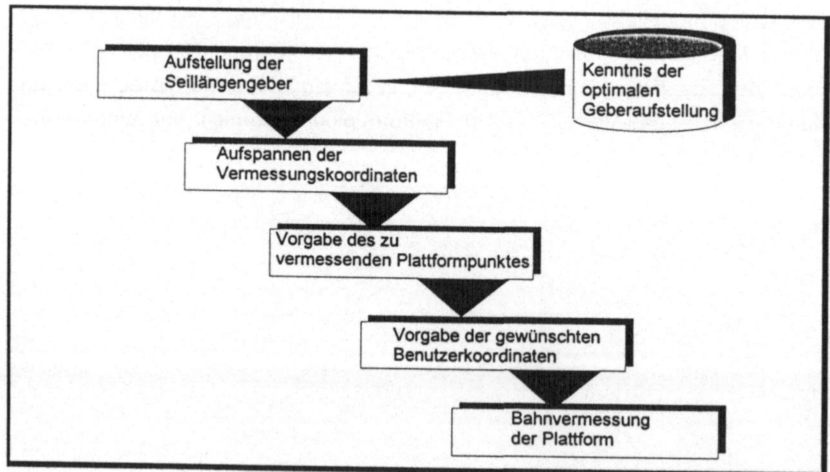

Abb. 5-1:   *Vorgehensweise für den Ablauf der Vermessung*

Für direkte Vergleiche bei der Vermessung von Plattformen zwischen fahrzeug-intern ermittelten und vermessenen Positionsdaten ist weiter die freie Vorgabe der Koordinaten eines beliebigen Startpunkts bei der Durchführung der Versuche in Referenz zu Umgebungsmarken wie Wänden oder Transponder oder in Referenz zur Ausgangsposition des Fahrzeugs erforderlich.

Zudem sollte der Anbringungsort der Meßseile an der Plattform den individuellen Gegebenheiten anzupassen sein.

Damit ergibt sich die in Abb. 5-1 dargestellte Vorgehensweise für den Ablauf der Vermessung.

5.1.1 Vermessung der Plattform

Die Koordinaten des Vermessungspunktes der Plattform werden aus den geometrischen Beziehungen der Geberaufstellung und der gemessenen Seillänge ermittelt. Um Mehrdeutigkeiten bei der Koordinatenberechnung zu vermeiden, wird die Plattformbewegung auf die Halbebene der positiven Ordinatenwerte beschränkt. Die Vorzeichendetektion des Winkels ψ erlaubt die Vermeidung von Mehrdeutigkeiten bei der Winkelbestimmung der Plattform.

Vermessung der Plattform	Koordinaten der Plattform
	$$x_V = \frac{b^2 + l_1^2 - l_2^2}{2 \cdot b}$$ $$y_V = +\sqrt{l_1^2 - x_V^2}$$ $$c = \gamma + \psi$$ mit $$\gamma = \arctan\frac{e - y_V}{b_1 - x_V},$$ $$x' = \frac{(b_1 - x_V)^2 + (e - y_V)^2 + l_a^2 - l_3^2}{2 \cdot \sqrt{(b_1 - x_V)^2 + (e - y_V)^2}}$$ $$y' = \pm\sqrt{l_a^2 - x'^2} \text{ und}$$ $$\psi = \arctan\frac{y'}{x'}$$

Abb. 5-2:   *Vermessung der Plattform*

Die Geberpositionen werden bei der Initialisierung des Systems ermittelt und sind damit für die nachfolgenden Messungen bekannt.

5.1.1.1 Seillängenbestimmung

Die Seillänge eines Meßseils ergibt sich aus dem abgewickelten Umfang der Seiltrommel und der Seildehnung. Dabei wird linear-elastisches Seilverhalten angenommen. Die Seillänge I wird für jeden Sensor $i \in \{1,2,3$ und jede Betriebsart $j \in \{Initialisierung, Messung, Koordinatenvorgabe\}$ ermittelt.

<table>
<tr><td colspan="2" align="center">Seillängenbestimmung</td></tr>
<tr><td colspan="2" align="center">$l_i = \left(k_{TRi} \cdot n_i + o_{ij}\right) \cdot \left(1 + k_{Fi} \cdot (F_i - o_{Fi})\right)$</td></tr>
<tr><td>k_{Tr}</td><td>: Faktor für den Seiltrommelumfang und die Inkrementgeberauflösung</td></tr>
<tr><td>n</td><td>: Anzahl der Inkremente</td></tr>
<tr><td>o_j</td><td>: Seillängenoffset</td></tr>
<tr><td>k_F</td><td>: Faktor für die Seilkraftmessung</td></tr>
<tr><td>F</td><td>: Meßwert des Kraftsensors</td></tr>
<tr><td>o_F</td><td>: Seilkraftoffset bestimmt durch Kraftsensor und Beschaltung</td></tr>
</table>

Abb. 5-3:   Ermittlung der Meßseillänge

5.1.1.2 Genauigkeit des Vermessungssystems

Die Genauigkeit des Vermessungssystems wird bestimmt durch die

- Massenträgheit des Meßseils,

- Schwingungen des Meßseils,

- Ungleichförmigkeit der Seiltrommel,

- Abweichungen des Meßseils vom Hookeschen Verhalten,

- Nichtlinearitäten der Auswerteelektronik und

- geometrischen Bedingungen bei der Vermessung.

Für die quantitative Abschätzung der Systemgenauigkeit wird nachfolgend der Betrag der Faktoren berechnet. Bei der Realisierung wird die Vermessungsgenauigkeit durch Referenzmessungen überprüft.

5.1.1.2.1 Massenträgheit des Meßseils

Das ausgezogene Stück des Meßseils erfährt bei Beschleunigung eine durch einen Kraftsensor im Seillängengeber nicht zu messende Kraft, die zu einer Dehnung des Seils beiträgt. Abb. 5-4 gibt eine Abschätzung dieses Einflusses.

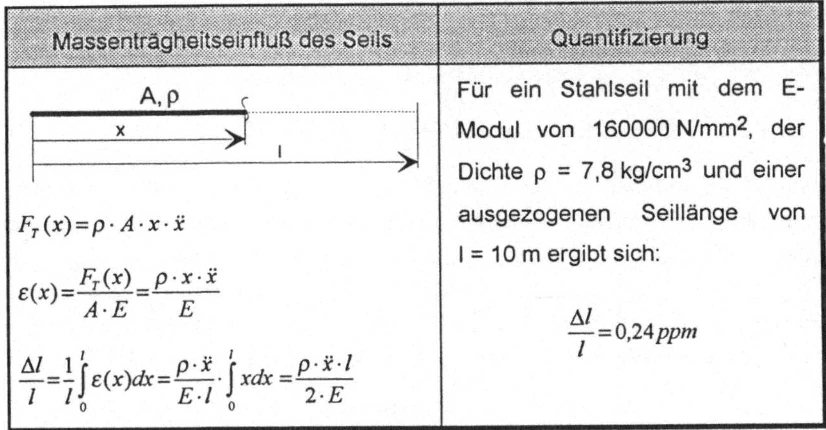

$$F_T(x) = \rho \cdot A \cdot x \cdot \ddot{x}$$

$$\varepsilon(x) = \frac{F_T(x)}{A \cdot E} = \frac{\rho \cdot x \cdot \ddot{x}}{E}$$

$$\frac{\Delta l}{l} = \frac{1}{l} \int_0^l \varepsilon(x)\,dx = \frac{\rho \cdot \ddot{x}}{E \cdot l} \cdot \int_0^l x\,dx = \frac{\rho \cdot \ddot{x} \cdot l}{2 \cdot E}$$

$$\frac{\Delta l}{l} = 0,24\,ppm$$

Abb. 5-4:   *Einfluß der Massenträgheit des Meßseils*

5.1.1.2.2 Schwingungen des Meßseils

Beim Betrieb der Seilzugsensoren treten Schwingungen in Querrichtung des Seils auf, die die Länge des Meßseils gegenüber der tatsächlichen Entfernung zum Meßobjekt verfälschen. Für gegenüber der Seillänge l kleine Amplituden a ergibt sich für die Grundschwingung des Meßseils:

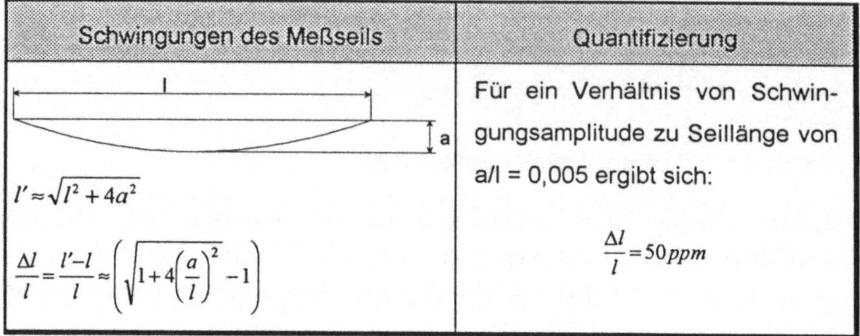

$$l' \approx \sqrt{l^2 + 4a^2}$$

$$\frac{\Delta l}{l} = \frac{l'-l}{l} \approx \left(\sqrt{1 + 4\left(\frac{a}{l}\right)^2} - 1 \right)$$

Für ein Verhältnis von Schwingungsamplitude zu Seillänge von a/l = 0,005 ergibt sich:

$$\frac{\Delta l}{l} = 50\,ppm$$

Abb. 5-5:   *Schwingungseinfluß des Meßseils*

5.1.1.2.3   Ungleichförmigkeit der Seiltrommel

Wellen (Ø 100 mm) mit der Toleranzfeldgröße 7 dürfen im Bereich des allgemeinen Maschinenbaus Abmaße bis zu 35 µm aufweisen /din_7155/. Legt man diese Werte auch für Durchmesserschwankungen der Seiltrommel zugrunde, ergeben sich mögliche Fehler von 350 ppm des Trommeldurchmessers. Wird dieser Fehler auf eine ausgezogene Seillänge von 10 m bezogen, erhält man einen Längenfehler von

$$\frac{\Delta l}{l} = 11\,ppm$$

5.1.1.2.4   Abweichungen des Meßseils vom Hookeschen Verhalten

Meßseile sind als Litze mit verseilten Einzeldrähten ausgeführt, was sich in der Reduzierung des E-Moduls auf ca. 160 kN/mm^2 bemerkbar macht, aber sich auch in Schwankungen dieses Kennwerts um bis zu 20 % /ahlers_94/ niederschlägt. Die Schwankung der Seillänge wird in Abb. 5-6 quantifiziert.

Nicht-Hookesches Meßseilverhalten	Quantifizierung
$$\frac{\Delta l}{l}=\frac{l'-l}{l}=\frac{\dfrac{E}{E'}-1}{\dfrac{E}{\sigma}+1}$$	Für eine Zugspannung $\sigma = 150$ N/mm^2 ergibt sich damit: $$\frac{\Delta l}{l}=230\,ppm$$

Abb. 5-6:   *Einfluß von nicht-Hookeschem Meßseilverhalten*

5.1.1.2.5   Nichtlinearitäten der Auswerteelektronik

Nichtlinearitäten der Auswerteelektronik wirken sich nur bei der Verstärkung und Wandlung der analogen Kraftsignale aus. Die Größenordnung der Fehler elektronischer Verstärker- und A/D-Wandler-Schaltungen liegen im Bereich von 1 % des Meßwerts. Der Einfluß wirkt sich auf die Seillänge aus wie ein um 1 % abweichendes E-Modul, so daß sich dafür, mit den Zahlenwerten des Beispiels für die E-Modul-Schwankungen, folgende Größe ergibt:

$$\frac{\Delta l_i}{l_i}=10\,ppm$$

Zusammengefaßt läßt die Abschätzung der Fehler eine Genauigkeit der Längenmessung von 300 - 400 ppm erwarten.

5.1.1.2.5   Vermessungsgeometrie

Positionsvermessung

Jedes Meßseil kann um $\varepsilon_i l_i$ zu kurz oder zu lang sein. Schneiden sich die Meßseile unter einem Winkel γ und sind die Längenfehler klein gegenüber den Seillängen, so entsteht als Fehlerfigur eine Raute, indem die Kreisradien um die jeweiligen Sensorpositionen durch ihre Tangenten im Vermessungspunkt ersetzt werden. Den Zusammenhang des dadurch möglichen maximalen Fehlers der Positionsmessung f_{max} mit den Längenfehlern $\varepsilon_i l_i$ und dem Schnittwinkel der Seile γ zeigt Abb. 5-7.

Das Minimum für f ergibt sich dafür bei $\gamma = \phi = 90°$ zu:

$$f_{min}=\varepsilon_i \cdot l_i \cdot \sqrt{2}.$$

Fehlerfigur der Trilateration	Quantifizierung
	$$\varphi_I = arctan\left(\dfrac{\sin\gamma}{\dfrac{\varepsilon_2}{\varepsilon_I}-\cos\gamma}\right)$$ $$\varphi_I' = arctan\left(\dfrac{\sin\phi}{\dfrac{\varepsilon_2}{\varepsilon_I}+\cos\phi}\right)$$ $$f_{max} = Max(f,f') = Max\left(\dfrac{\varepsilon_1}{\sin\varphi_1},\dfrac{\varepsilon_1}{\sin\varphi_1'}\right)$$

Abb. 5-7:   *Vermessungsfehler der Position*

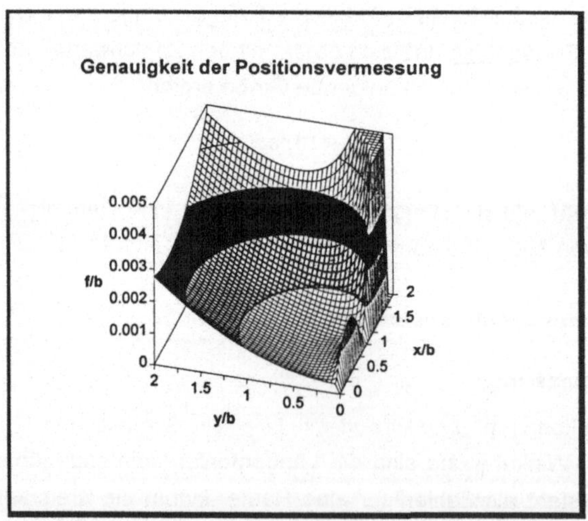

Abb. 5-8: Positionsmeßgenauigkeit des Meßsystems für eine Genauigkeit der Seillängenmessungen von 300 ppm

Zur Beurteilung von Messungen mit dem System und der damit zu erzielenden Meßgenauigkeit wurde in Abb. 5-8 der maximale Positionsmeßfehler f über der Meßebene aufgetragen bei einer Genauigkeit aller Seillängenmessungen von 300 ppm. Um die Darstellung für beliebige Aufstellungen des Meßsystems anwenden zu können, wurden alle Längen mit dem Abstand b zwischen den Seilzugsensoren Nr. 1 und 2 dimensionslos gemacht. Die Positionen der Seilzugsensoren Nr. 1 und 2 sind dementsprechend im Diagramm die Punkte (0;0) und (0;1).

Die Berechnung zeigt, daß die Meßgenauigkeit des Systems im Bereich einer etwa quadratischen Fläche, die durch die Sensoren Nr. 1 und 2 begrenzt wird, unter 1 ‰ liegt. Dies bedeutet, daß hier bei einem Abstand b = 10 m zwischen den beiden Aufnehmern der mögliche Meßfehler unter 10 mm bleibt. Ausgenommen davon ist ein Bereich in Abszissennähe, in dem, bedingt durch ungünstige Schnittwinkel (γ nahe 180°), größere Meßfehler (f/b >1 ‰) möglich sind. Außerhalb dieses Bereichs nimmt die Meßgenauigkeit ebenso ab, bedingt sowohl durch größere Seillängen und damit größere Fehler der Einzelmessungen als auch, insbesondere in Abszissennähe, durch ungünstige geometrische Verhältnisse. Für die Erzielung guter Vermessungsresultate sind diese Ergebnisse bei der Aufstellung des Systems zu berücksichtigen.

Winkelvermessung

Die Genauigkeit der Winkelmessung hängt von der Genauigkeit der Positionsmessung sowie von der Genauigkeit der Längenmessung des dritten Meßseils ab. Für eine Sensorgenauigkeit von 300 ppm und eine Aufstellung des dritten Sensors bei (b_1/b = 1; e/b = 1) zeigt Abb. 5-9 die sich ergebenden maximalen Winkelfehler der Vermessung Δc für konstante Orientierungswinkel c.

Die Ergebnisse der Berechnungen zeigen, daß die Vermessung der Orientierung typischerweise mit einer Genauigkeit < 1° erfolgen kann. Ergibt sich jedoch bei der aktuellen Vermessung ein Winkel ψ nahe 0° oder 180°, so sinkt die Genauigkeit drastisch ab. Die Vermessung des Fahrzeugwinkels wird, wie zu erwarten war, zudem in Bereichen ungenau, in denen schon die Positionsvermessung aufgrund großer Seillängen oder ungünstiger Schnittwinkel mit großen Unsicherheiten behaftet ist.

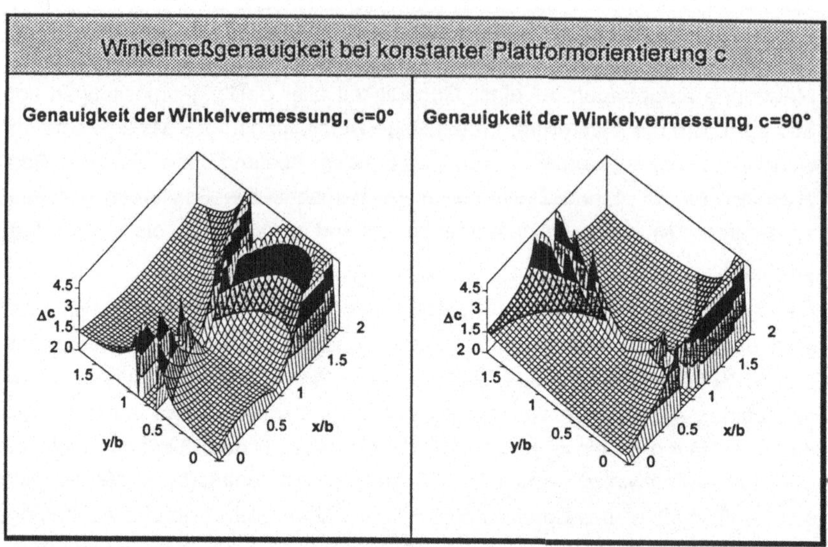

Abb. 5-9:   *Winkelmeßgenauigkeit des Meßsystems für eine Genauigkeit der Seillängenmessungen von 300 ppm*

5.1.2   Aufspannen der Vermessungskoordinaten

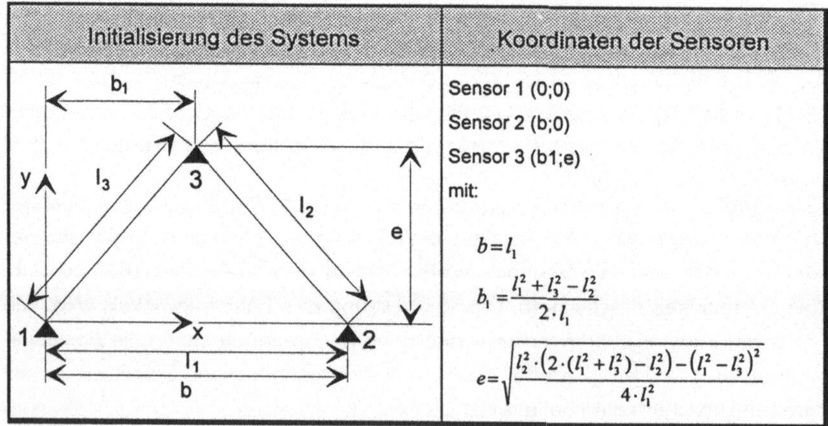

$$b = l_1$$

$$b_1 = \frac{l_1^2 + l_3^2 - l_2^2}{2 \cdot l_1}$$

$$e = \sqrt{\frac{l_2^2 \cdot \left(2 \cdot (l_1^2 + l_3^2) - l_2^2\right) - \left(l_1^2 - l_3^2\right)^2}{4 \cdot l_1^2}}$$

Abb. 5-10:   *Initialisierung des Systems*

Die Positionen der Einzelsensoren werden durch zyklisches Verbinden ihrer Meßseile untereinander ermittelt. Für die Auswertung der Meßseillängen wird der Ursprung der Vermessungskoordinaten in den Sensor 1 und die Abszisse durch den Sensor 2 gelegt. Für Sensor 3 wird seine Aufstellung im ersten oder zweiten Quadranten gefordert.

5.1.3 Vorgabe des zu vermessenden Plattformpunktes

Um eine direkte Vergleichbarkeit der plattformintern und der extern ermittelten Daten zu erreichen, müssen die vermessenen Koordinaten auf den Navigationspunkt der Plattform transformiert werden. Dazu wird der Vermessungspunkt relativ zum Navigationspunkt der Plattform vermessen. Die zu vermessenden translatorischen und rotatorischen Abweichungen zwischen dem Fahrzeugnavigationspunkt, dem Vermessungspunkt Δl_l, Δl_q und δ ermöglichen die Transformation.

Vorgabe des Navigationspunktes	Koordinaten des Navigationspunktes
	$$[P]'_N = \begin{bmatrix} \Delta l_l \\ \Delta l_q \\ 0 \\ 1 \end{bmatrix}$$ und damit: $$[P]_N = [A(x_V;y_V;c)] \cdot [A(0;0;\delta)] \cdot [P]'_N$$

Abb. 5-4:   Vorgabe des Navigationspunktes

5.1.4 Vorgabe der Benutzerkoordinaten

Die vermessenen Bahndaten des Navigationspunktes der Plattform stehen bislang nur in Vermessungskoordinaten zur Verfügung. Der Ursprung und die Ausrichtung dieses Systems ist i.a. gegenüber dem plattformseitig benutzten

Koordinatensystem verschoben. Die Vermessungskoordinaten sind also in die gewünschten Benutzerkoordinaten zu transformieren.

Die Ermittlung der Transformation wird wie folgt durchgeführt:

  a) am Startpunkt der Plattform werden die Benutzerkoordinaten des Vermessungspunktes vorgegeben, oder

  b) zwei Bahnpunkte der Plattform werden vom externen Meßsystem vermessen und ihre Benutzerkoordinaten angegeben.

Damit ist die Bestimmung der Transformationsmatrix A zwischen beiden Koordinatensystemen möglich.

Die Bestimmung der Verdrehung zwischen Meßsystem- und Benutzerkoordinaten kann bei Möglichkeit b) um so genauer erfolgen, je größer der Abstand zwischen den vermessenen Bahnpunkten gewählt wird.

Die Genauigkeit der Bestimmung dieser Verdrehung bei Möglichkeit a) wird durch die Vermessungsgenauigkeit der Orientierung der Plattform bestimmt.

5.2 Modellbildung

Ein physikalisches, parametrisches Modell soll die Wirkungen der primären Einflußfaktoren Schlupf und Schräglaufwinkel auf die Richtung und den Betrag der Geschwindigkeit der Plattform beschreiben. Obwohl die Modellparameter überwiegend Kombinationen geometrischer und kinetischer Daten der Plattform darstellen, sind sie a priori i.a. unbekannt und ihre direkte Bestimmung bzw. Messung unmöglich. Sie werden durch Vergleiche der durchgeführten Schlupfmessungen bei Versuchsfahrten mit den aufgestellten Modellen ermittelt.

Schlupf und Schräglaufwinkel hängen von den kinetischen Daten der Plattformbewegung ab. Dieser Zusammenhang wird für die betrachteten Bewegungen mobiler Plattformen hergeleitet und damit das Modell für die primären Einflußfaktoren formal aufgestellt.

5.2.1 Schlupfmodellierung

Das Schlupfverhalten einer Plattform wird bestimmt durch die Superposition des Schlupfverhaltens ihrer einzelnen Räder. Es ist abhängig vom Kraftschlußbeiwert, der durch die auf die Radlast F_Z bezogene im Latsch angreifende Umfangskraft des Rades bestimmt ist. Diese Kraftschluß-Schlupf-Beziehung ist für kleine Werte des Schlupfes linear und wird durch den Proportionalitätsfaktor c_S beschrieben /mitschke_90/.

Ausgehend vom freigeschnittenen Rad und einer Momentenbilanz daran ist in Abb. 5-12 der Zusammenhang zwischen Schlupf und den Momenten am einzelnen Rad dargestellt.

Die geometrischen Parameter und die Größe von Antriebs-, Bremsmoment und Radlast sind normalerweise nicht oder nur grob bekannt. Kräfte, Momente und elastische Deformationen sind abhängig von der Plattformkinetik.

Für die Formulierung des Schlupfmodells werden die bestimmenden Terme diskutiert und zu den kinetischen Daten der Plattform in Beziehung gesetzt.

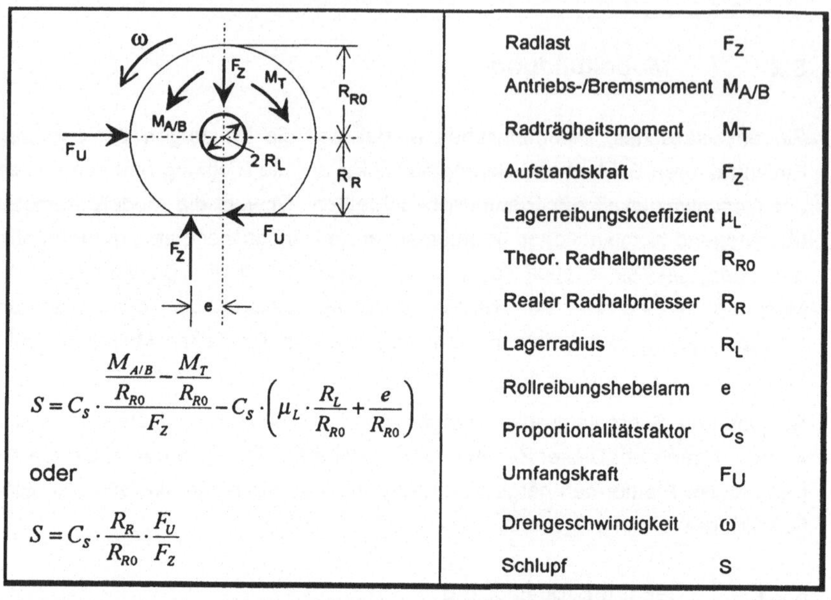

$$S = C_s \cdot \frac{\dfrac{M_{A/B}}{R_{RO}} - \dfrac{M_T}{R_{RO}}}{F_Z} - C_s \cdot \left(\mu_L \cdot \frac{R_L}{R_{RO}} + \frac{e}{R_{RO}} \right)$$

oder

$$S = C_s \cdot \frac{R_R}{R_{RO}} \cdot \frac{F_U}{F_Z}$$

Radlast	F_Z
Antriebs-/Bremsmoment	$M_{A/B}$
Radträgheitsmoment	M_T
Aufstandskraft	F_Z
Lagerreibungskoeffizient	μ_L
Theor. Radhalbmesser	R_{RO}
Realer Radhalbmesser	R_R
Lagerradius	R_L
Rollreibungshebelarm	e
Proportionalitätsfaktor	C_S
Umfangskraft	F_U
Drehgeschwindigkeit	ω
Schlupf	S

Abb. 5-12: *Schlupf als Wirkung der am Rad angreifenden Momente*

Trägheitsmoment eines Rades:

Das Massenträgheitsmoment eines Rades ist linear abhängig von seiner Winkelbeschleunigung und damit von seiner Tangential- oder Längsbeschleunigung. Proportionalitätsfaktoren sind sein Durchmesser und seine Drehträgheit.

Reibung:

Für die bei normalen Plattformen auftretenden Geschwindigkeitsbereiche kann Coulombsche Reibung angenommen werden. Ihr Reibungskoeffizient ist konstant und unabhängig von Geschwindigkeit oder Beschleunigung. Dies gilt sowohl für die Lagerreibung des Rades als auch für die Rollreibung. Der Quotient aus Rollreibungshebelarm und Raddurchmesser bleibt konstant.

Radlast:

Sie ist i.a. abhängig vom Gesamtgewicht der Plattform und der geometrischen Anordnung der Räder. Weiter ergeben sich dynamische Zusatzlasten durch die Schwerpunktsbeschleunigung der Plattform, die ebenfalls von der Fahrwerksgeometrie und von der Schwerpunktslage beeinflußt werden. Bei den betrachteten mobilen Plattformen bleiben die dynamischen Radlaständerungen aufgrund der auftretenden Beschleunigungen in einem Maße klein (< 0.1g), das ihre Vernachlässigung zuläßt.

Antriebs- / Bremsmoment:

Bei angetriebenen / gebremsten Rädern resultiert die schlupfbestimmende Umfangskraft im Latsch F_U durch das Zusammenwirken von Antriebs- / Brems-, Trägheits- und Reibungsmomenten und -kräften. Als auf die Plattform wirkende Kraft verbleibt direkt F_U. Diese Antriebskraft aller Räder zusammen bewirkt die Bewegung der Plattform entgegen äußeren, Reibungs- und Trägheitskräften.

$$F_U = k_1 m_P \cdot \ddot{r}_{SRI} + k_2 I_P \cdot \ddot{c} + k_3 \cdot \dot{r}_{SRI} + k_4 \cdot \dot{c} + k_5$$

mit

$$\ddot{r}_{SRI} = \frac{(v_{RI}) \cdot (\ddot{r})}{|v_{RI}|} \quad \text{und} \quad \dot{r}_{SRI} = \frac{(v_{RI}) \cdot (\dot{r})}{|v_{RI}|}$$

Darin gewichtet

$k_1 m_P$ den Einfluß der Massenträgheit,

$k_2 I_P$ den Einfluß der trägen Drehmasse,

k_3 den Einfluß geschwindigkeitsabhängiger Kräfte wie z.B. Walkkräfte im Rad oder Fahrtwind,

k_4 den Einfluß drehgeschwindigkeitsabhängiger Kräfte wie z.B. Reibung gedrehter Kettenfahrwerke und

k_5 den Einfluß äußerer Lasten.

Abb. 5-13:   *Radumfangskraft als Funktion der Plattformkinetik*

Es ist daher zweckmäßig, direkt F_U als Linearkombination der Fahrzeuggeschwindigkeiten und -beschleunigungen sowie konstanter Größen darzustellen.

Abb. 5-13 zeigt den formalen Zusammenhang von F_U und den kinetischen Größen der Plattform.

Für geschleppte Räder wird $M_{A/B} = 0$.

Die Erfassung nichtträgheitsbedingter Faktoren wie z.B. Walkkräfte, Windkräfte oder Reibungseinflüsse bei Kettenfahrwerken usw. wird in linearer Abhängigkeit von den kinetischen Größen der Plattform modelliert. Der bei den betrachteten Fahrzeugen kleine Bereich variabler Geschwindigkeit erlaubt Approximation nichtlinearer Zusammenhänge durch den linearen Ansatz.

Die Modellgleichungen für den Schlupf kombinieren die in Abhängigkeit der Plattformkinetik formulierten Terme der am Rad angreifenden Kräfte und Momente mit der Kraftschluß-Schlupf-Beziehung für kleine Schlupfwerte.

Schlupfmodell für geschleppte Räder	$S = C_s \cdot \dfrac{-\dfrac{M_T}{R_{R0}}}{F_z} - C_s \cdot \left(\mu_L \cdot \dfrac{R_L}{R_{R0}} + \dfrac{e}{R_{R0}} \right)$ $= C_s \cdot \dfrac{-I_R \cdot \ddot{r}_{RII}}{m_P g \cdot \dfrac{f}{l} \cdot \dfrac{d}{b} \cdot R_{R0}^2} - C_s \cdot \left(\mu_L \cdot \dfrac{R_L}{R_{R0}} + \dfrac{e}{R_{R0}} \right)$ $S = K_1 \cdot \ddot{r}_{RII} + K_2$
Schlupfmodell für angetriebe Räder	$S = C_s \cdot \dfrac{R_R}{R_{R0}} \cdot \dfrac{F_U}{F_z}$ $= C_s \cdot \dfrac{R_R}{R_{R0}} \cdot \dfrac{k_1 m_P \cdot \ddot{r}_{SRI} + k_2 I_P \cdot \ddot{c} + k_3 \cdot \dot{r}_{SRI} + k_4 \cdot \dot{c} + k_5}{m_P \cdot g \cdot \dfrac{f}{l} \cdot \dfrac{d}{b}}$ $S = K_1 \cdot \ddot{r}_{SRI} + K_2 \cdot \ddot{c} + K_3 \cdot \dot{r}_{SRI} + K_4 \cdot \dot{c} + K_5$

Abb. 5-14:   Modellgleichungen für den Schlupf

Die entsprechend Abb. 5-14 modellierte Größe des Schlupf berücksichtigt über die umfangskraftbedingten elastischen Deformationen der Radbandage und des Bodens hinaus zusätzlich die Durchmesseränderung des Rades. Die Beziehungen gelten für kleine Werte der Schräglaufwinkel und eine lineare Kraftschluß-Schlupf-Beziehung. Ein Gleiten der Räder, z.B. beim Blockieren oder bei zu großer Kurvengeschwindigkeit wird ob der mangelnden praktischen Relevanz bei der betrachteten Gruppe der Plattformen nicht berücksichtigt. Das Schlupfmodell gilt in der formulierten Form auch für Kettenfahrwerke.

5.2.2 Modellierung des Schräglaufwinkels

Ähnlich dem Schlupf ist der Schräglaufwinkel eines Rades abhängig von der quer zu seiner Rollrichtung wirkenden Seitenkraft F_q.

Die Seitenkraft wird bestimmt durch die senkrecht zur Rollrichtung des Rades wirkende Komponente der Schwerpunktsbeschleunigung und durch äußere Kräfte. Sie werden als konstant angenommen. Für Kettenfahrwerke werden zusätzlich drehgeschwindigkeitsabhängige Kräfte berücksichtigt, die aufgrund der Reibung der Ketten bei der Drehung um die Hochachse entstehen. Abb. 5-15 zeigt die damit zu formulierende Modellgleichung für den Schräglaufwinkel eines Rades.

Seitenkraft auf ein Rad	$F_q = k_1 \cdot \ddot{r}_{SRq} + k_2$ mit $\ddot{r}_{SRq} = \dfrac{(v_{RI}) \times (\ddot{r}_S)}{\lvert v_{RI} \rvert}$
Schräglaufwinkelmodell für Radfahrwerke	$\alpha = C_\alpha \cdot \left(k_1 \cdot \ddot{r}_{SRq} + k_2 \right)$ $\alpha = K_6 \cdot \ddot{r}_{SRq} + K_7$
Schräglaufwinkelmodell für Kettenfahrwerke	$\alpha = K_6 \cdot \ddot{r}_{SRq} + K_7 \cdot \dot{c} + K_8$

Abb. 5-15: Modellgleichungen für den Schräglaufwinkel

Die Parameter K_1 bis K_8 beschreiben die physikalischen Eigenschaften der jeweiligen Plattform. Sie sind für jedes an der koppelnden Ortung beteiligte Rad zu ermitteln. Durch sich ändernde Betriebsbedingungen oder Alterungserscheinungen, z.B. Abnutzung der Radbandage, können sie sich mit der Zeit ändern und sind dann neu zu bestimmen.

5.3   Parameterbestimmung

5.3.1   Kinematische Größen der Plattform

Die Bestimmung der Größen Schlupf und Schräglaufwinkel sind Funktionen der intern gekoppelten und der extern vermessenen Geschwindigkeit des betrachteten Rades, die aus den zeitdiskret vorliegenden Bahndaten zu ermitteln sind.

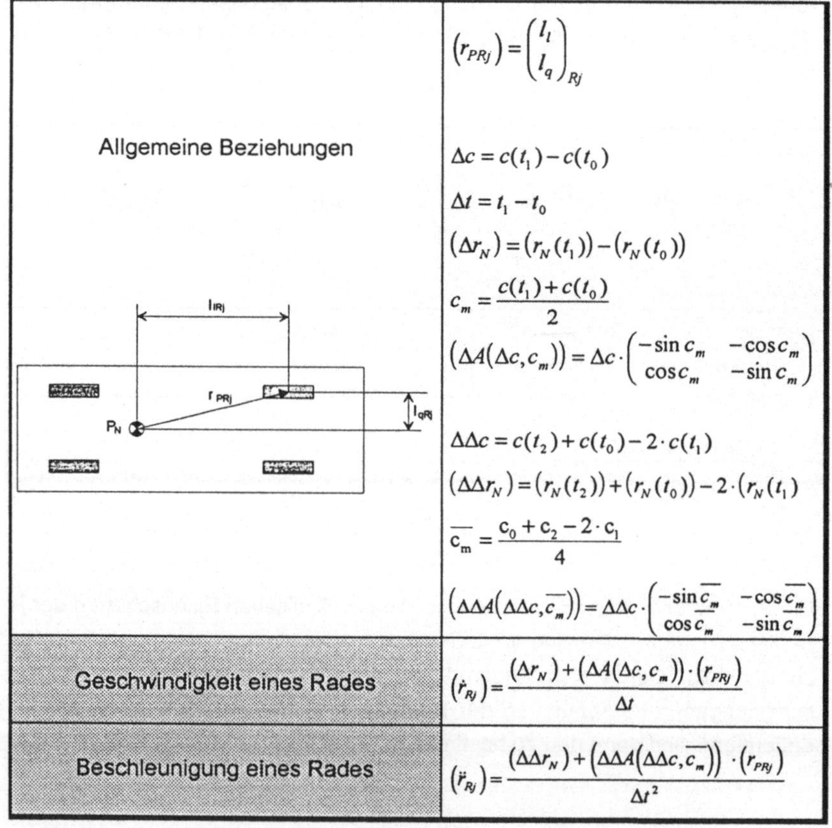

$$\left(r_{PRj}\right) = \begin{pmatrix} l_l \\ l_q \end{pmatrix}_{Rj}$$

$$\Delta c = c(t_1) - c(t_0)$$

$$\Delta t = t_1 - t_0$$

$$\left(\Delta r_N\right) = \left(r_N(t_1)\right) - \left(r_N(t_0)\right)$$

$$c_m = \frac{c(t_1) + c(t_0)}{2}$$

$$\left(\Delta A(\Delta c, c_m)\right) = \Delta c \cdot \begin{pmatrix} -\sin c_m & -\cos c_m \\ \cos c_m & -\sin c_m \end{pmatrix}$$

$$\Delta\Delta c = c(t_2) + c(t_0) - 2 \cdot c(t_1)$$

$$\left(\Delta\Delta r_N\right) = \left(r_N(t_2)\right) + \left(r_N(t_0)\right) - 2 \cdot \left(r_N(t_1)\right)$$

$$\overline{c_m} = \frac{c_0 + c_2 - 2 \cdot c_1}{4}$$

$$\left(\Delta\Delta A(\Delta\Delta c, \overline{c_m})\right) = \Delta\Delta c \cdot \begin{pmatrix} -\sin \overline{c_m} & -\cos \overline{c_m} \\ \cos \overline{c_m} & -\sin \overline{c_m} \end{pmatrix}$$

Geschwindigkeit eines Rades

$$\left(\dot r_{Rj}\right) = \frac{\left(\Delta r_N\right) + \left(\Delta A(\Delta c, c_m)\right) \cdot \left(r_{PRj}\right)}{\Delta t}$$

Beschleunigung eines Rades

$$\left(\ddot r_{Rj}\right) = \frac{\left(\Delta\Delta r_N\right) + \left(\Delta\Delta A(\Delta\Delta c, \overline{c_m})\right) \cdot \left(r_{PRj}\right)}{\Delta t^2}$$

Abb. 5-16:   *Berechnung der kinematischen Plattformgrößen*

Die Lage des Navigationspunktes der Plattform ist als stetige, zweifach differenzierbare Funktion sowohl intern gekoppelt als auch extern vermessen bekannt. Geschwindigkeit und Beschleunigung können also daraus abgeleitet werden. Aufgrund der vorausgesetzten Starrkörpereigenschaft des Fahrzeugs ist die Lage jedes beliebigen Punktes dieses Starrkörpers, also auch die der Aufstandspunkte der Räder, zu berechnen (Abb. 5-16).

Die Positionen eines Plattformpunktes wie auch deren zeitliche Derivate werden in absoluten kartesischen Koordinaten, üblicherweise Benutzerkoordinaten, dargestellt.

5.3.2 Bahnvergleich

Die intern gekoppelten und extern vermessenen Bahndaten der Plattform werden zur Bestimmung von Schlupf und Schräglaufwinkel differenziert und die Ableitungen für jedes Rad verglichen.

Allgemeine Beziehungen	$c_I(t_0) = c_{0I}$ $c_{Ex}(t_0) = c_{0Ex}$ $\chi_{RjEx} = \arctan \dfrac{v_{yRjEx}}{v_{xRjEx}}$ $\chi_{Rjl} = \arctan \dfrac{v_{yRjl}}{v_{xRjl}}$ $\left| v_{Rjl} \right| = \sqrt{v_{xRjl}^2 + v_{yRjl}^2}$ $\left| v_{RjEx} \right| = \sqrt{v_{xRjEx}^2 + v_{yRjEx}^2}$
Korrekturwinkel	$\Delta c_0 = c_{0Ex} - c_{0I}$
Schräglaufwinkel	$\alpha_{Rj} = \chi_{RjEx} - \chi_{Rjl} - \Delta c_0$
Schlupf	$S = 1 - \dfrac{\left| v_{RjEx} \right|}{\left| v_{Rjl} \right|}$

Abb. 5-17:   *Berechnung von Schlupf und Schräglaufwinkel*

Ein direkter Vergleich der internen v_{Rjl} und externen Radgeschwindigkeiten v_{RjEx} ist unzulässig, da die intern gekoppelte Ausgangsorientierung der Plattform bei t_0 durch kumulierte Fehler i.a. nicht identisch ist mit der extern vermessenen Ausgangsorientierung bei t_0. Die eingeführte Korrektur der plattformextern ermittelten Geschwindigkeitsrichtung ermöglicht den Vergleich und führt zum gewünschten Ergebnis für Schlupf und Schräglaufwinkel (Abb. 5-17).

Der Vergleich von χ_{Rjl} mit dem Orientierungswinkel c_l der Plattform liefert direkt den Lenkeinschlag des betrachteten Rades gegenüber der Plattformlängsachse. Bei Differentialfahrwerken mit nicht drehbarem Aufbau verschwindet diese Differenz, da hier Plattformlängsachse und Rollrichtung des Rades (ohne Berücksichtigung des Schräglaufs) parallel verlaufen.

5.3.3 Bestimmung der Schlupfmodellparameter

Die während einer Fahrt aufgenommenen internen und externen Positionsdaten der Plattform ermöglichen eine vielfache Berechnung der Werte für Schlupf und Schräglaufwinkel und der kinetischen Größen Geschwindigkeit und Beschleunigung. Das vielfach überbestimmte Gleichungssystem (500 bis 1000 Messungen je nach Meßfahrt) für die Bestimmung der Parameter K_1 bis K_8 wird die mit der Methode der kleinsten Quadrate (Least-Square-(LS-) Methode) im Sinne einer für die Minimierung der Modellfehler optimalen Parameterwahl gelöst. Abb. 5-18 zeigt den Algorithmus.

Die Inversion der Matrizen (B_s) und (B_α) wird durch ihre symmetrische Form erleichtert. Zudem beträgt die Größe der betrachteten Matrizen maximal 5 x 5, so daß Rundungsfehler bei der numerischen Invertierung klein bleiben.

Die identifizierten Modellparameter K_1 bis K_8 stellen Bewertungsfaktoren für die Einflüsse der translatorischen und rotatorischen Geschwindigkeiten und Beschleunigungen der Plattformdaten dar. Die Absolutkorrekturglieder K_5 bzw. K_8 spiegeln Skalierungsfehler der Odometer bzw. Schiefstellungen der Fahrwerke wieder.

Durch Vergleich der mit den jeweiligen Modellparametern gewichteten Einflußgrößen können sowohl dominierende als auch Effekte mit nur geringen Auswirkungen erkannt werden. Treten Faktoren mit nur geringem Einfluß auf Schlupf und Schräglaufwinkel auf, kann der betreffende Modellparameter eliminiert und das Modell entsprechend vereinfacht werden. Die Fahrversuche ermöglichen somit auch quantitative Rückschlüsse auf die Einflußgrößen.

Fehlerfunktion für den Schlupf	$Q_S = \sum_n \left(S - \left(K_1 \cdot \ddot{r}_S + K_2 \cdot \ddot{c} + K_3 \cdot \dot{r}_S + K_4 \cdot \dot{c} + K_5 \right) \right)^2$
Fehlerfunktion für den Schräglaufwinkel	$Q_\alpha = \sum_n \left(\alpha - \left(K_6 \cdot \ddot{r}_{SRq} + K_7 \right) \right)^2$
Schreibweise der Matrixelemente	$\overline{\ddot{r}_{SRl}^{\,2}} = \dfrac{1}{n} \cdot \sum_{i=1}^{n} \ddot{r}_{SRl}^{\,2} , \ \ldots \ \overline{\ddot{r}_{SRq}} = \dfrac{1}{n} \cdot \sum_{i=1}^{n} \ddot{r}_{SRq}$
Bedingung zur Minimierung der Schlupffehlerfunktionen für n Messungen	$$\begin{bmatrix} \overline{\ddot{r}_{SRl}^{\,2}} & \overline{\ddot{r}_{SRl}\cdot\ddot{c}} & \overline{\ddot{r}_{SRl}\cdot\dot{r}_{SRl}} & \overline{\ddot{r}_{SRl}\cdot\dot{c}} & \overline{\ddot{r}_{SRl}} \\ \overline{\ddot{c}\cdot\ddot{r}_{SRl}} & \overline{\ddot{c}^2} & \overline{\ddot{c}\cdot\dot{r}_{SRl}} & \overline{\ddot{c}\cdot\dot{c}} & \overline{\ddot{c}} \\ \overline{\dot{r}_{SRl}\cdot\ddot{r}_{SRl}} & \overline{\ddot{c}\cdot\dot{r}_{SRl}} & \overline{\dot{r}_{SRl}^{\,2}} & \overline{\dot{c}\cdot\dot{r}_{SRl}} & \overline{\dot{r}_{SRl}} \\ \overline{\ddot{r}_{SRl}\cdot\dot{c}} & \overline{\ddot{c}\cdot\dot{r}_{SRl}} & \overline{\dot{c}\cdot\dot{r}_{SRl}} & \overline{\dot{c}^2} & \overline{\dot{c}} \\ \overline{\ddot{r}_{SRl}} & \overline{\ddot{c}} & \overline{\dot{r}_{SRl}} & \overline{\dot{c}} & 1 \end{bmatrix} \cdot \begin{pmatrix} K_1 \\ K_2 \\ K_3 \\ K_4 \\ K_5 \end{pmatrix} - \begin{pmatrix} \overline{S\cdot\ddot{r}_{SRl}} \\ \overline{S\cdot\ddot{c}} \\ \overline{S\cdot\dot{r}_{SRl}} \\ \overline{S\cdot\dot{c}} \\ \overline{S} \end{pmatrix} = \begin{pmatrix} 0 \\ 0 \\ 0 \\ 0 \\ 0 \end{pmatrix}$$ bzw. kurz: $$[B_S]\cdot[K_S]-[S]=[0]$$
Bedingung zur Minimierung der Schräglauffehlerfunktionen für n Messungen	$$\begin{bmatrix} \overline{\ddot{r}_{SRq}^{\,2}} & \overline{\ddot{r}_{SRq}\cdot\dot{c}} & \overline{\ddot{r}_{SRq}} \\ \overline{\ddot{r}_{SRq}\cdot\dot{c}} & \overline{\dot{c}^2} & \overline{\dot{c}} \\ \overline{\ddot{r}_{SRq}} & \overline{\dot{c}} & 1 \end{bmatrix} \cdot \begin{pmatrix} K_6 \\ K_7 \\ K_8 \end{pmatrix} - \begin{pmatrix} \overline{\alpha\cdot\ddot{r}_{SRq}} \\ \overline{\alpha\cdot\dot{c}} \\ \overline{\alpha} \end{pmatrix} = \begin{pmatrix} 0 \\ 0 \\ 0 \end{pmatrix}$$ oder kurz: $$[B_\alpha]\cdot[K_\alpha]-[\alpha]=[0]$$
Gleichung für die Schlupfmodellparameter	$[K_S]=[B_S]^{-1}\cdot[S]$
Gleichung für die Schräglaufmodellparameter	$[K_\alpha]=[B_\alpha]^{-1}\cdot[\alpha]$

Abb. 5-18:   *Algorithmus zur Berechnung der Modellparameter*

6 Realisierung und Versuchsdurchführung

6.1 Aufbau des Vermessungssystems

6.1.1 Hardware

Das Vermessungssystem wurde aus drei Seilzugsensoren für die ebene Lagebestimmung der Plattform aufgebaut. Die Anforderungen an Meßbereich und Genauigkeit führten zur Auswahl der Seilzugsensoren WS9-25000-B5LD15 der Firma ASM /asm_94/. Die drei Einzelsensoren werden dazu so auf Träger montiert, daß auch die gegenseitige Abstandsmessung ermöglicht wird.

Die Meßseilrichtung wird sich während der Messung, abhängig von der Position der Plattform, ständig verändern. Der Träger der Seilzugsensoren wird dafür mit einer Drehlafette ausgestattet, die sich mittels Seilführungen der Richtung des Meßseils anpaßt. Die Ständer der Einzelsensoren werden für Transportzwecke mit feststellbaren Rollen ausgestattet und zur Erzielung einer guten Standfestigkeit als

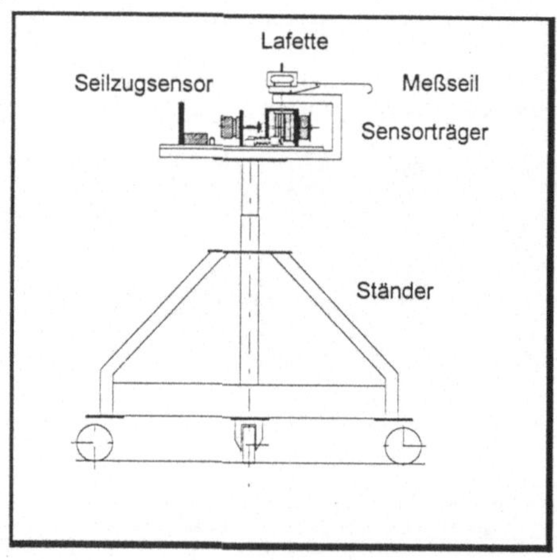

Abb. 6-1: Gesamtaufbau Meßstation

schwere Stahlkonstruktion aufgebaut. Zur Initialisierung der Seilzuginkrementgeber wird ein Bezugssteg an der Lafette vorgesehen, der eine konstante Offset-Länge liefert.

Die Meßseile der Sensoren sind als 7-adrige Feinstahlseile von 0,3 mm Durchmesser ausgeführt. Gegenüber einer Ausführung als Stahldraht, bei der mit einem E-Modul von 210 000 N/mm^2 zu rechnen ist, ergibt die verseilte Ausführung einen gemessenen E-Modul von 160 000 N/mm^2. Dies entspricht einer Dehnsteifigkeitsverminderung um den Faktor 1,3. Die Messung der Seilkraft übernimmt jeweils ein Biegebalken vom Typ 8511-5050 der Firma Burster mit einem Meßbereich von 50 N. Die Biegebalken sind in 90°-Seilumlenkungen so integriert, daß die $\sqrt{2}$-fache Seilkraft in ihre parallel zur Winkelhalbierenden liegende Detektionsrichtung wirkt.

Für die unbehinderte Befestigung der Meßseile an zwei Punkten der Plattform wurde ein Aufsatz entwickelt, der die drei Seile in drei Ebenen übereinander anordnet und so die freie Drehung der Plattform erlaubt, ohne daß sich die Seile gegenseitig verwirren. Die Meßseile Nr. 1 und 2 werden in einer Ebene an Ringen um die Zentralsäule des Aufsatzes befestigt. Das Meßseil Nr. 3 wird am

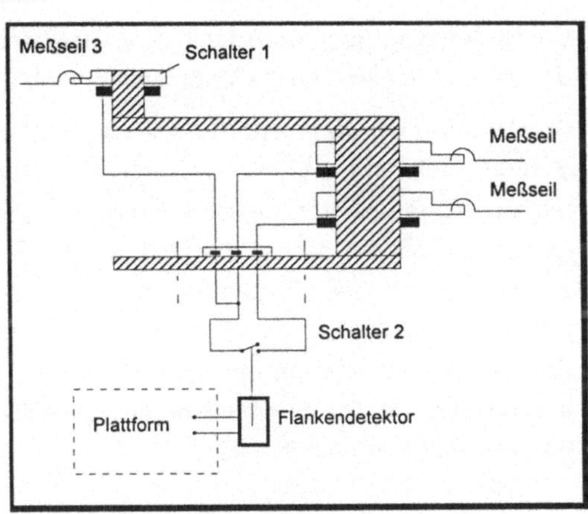

Abb. 6-2: Plattformaufsatz

Ring des Aufsatzauslegers angebracht. Alle Ringe sind aus elektrisch leitendem Material, von der Aufsatzkonstruktion isoliert und über Schleifkontakte elektrisch zu beschalten. Der Ring des Aufsatzauslegers ist zudem halbseitig gegen den Schleifer isoliert, so daß hier der richtungserkennende Schalter 1 zwischen Seil Nr. 1 und Nr. 3 realisiert ist, der zur Vorzeichendetektion benötigt wird. Das Triggersignal zur zeitsynchronen Bestimmung der Positionsdaten von Plattform und Vermessungssystem wird als Schaltsignal zwischen Seil Nr. 1 und Nr. 2 geführt. Die Plattform ändert zur Triggerung den Schaltzustand eines binären Ausgangs und ein Flankendetektor gibt über Schalter 2 dieses Signal weiter.

Die Verarbeitung der Inkrementgeber- und der Seilkraftsignale übernimmt eine 80C592-μ-Controller-Karte der Firma Phytec vor Ort auf jedem Sensormodul. Die Schnittstelle zum PC ist als CAN-Bus ausgeführt. Dieser speziell für den automobilen Be-

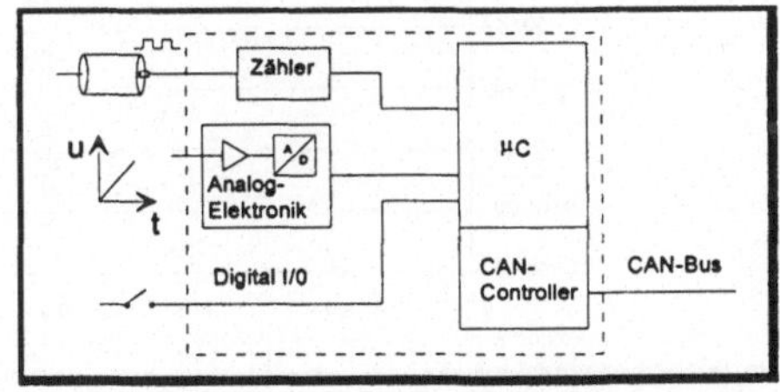

Abb. 6-3: Aufbau der Sensorelektronik

reich entwickelte Bus hat sich als sehr störsicher und leistungsfähig für die Sensor-Aktor-Kopplung erwiesen. EMV-Probleme auf langen Kabelstrecken werden dadurch vermieden.

Die Stromversorgung erfolgt mit 12 V Gleichspannung und wird zusammen mit der Busverkabelung an die Meßstationen gebracht.

Der Meßarm wurde in einer Länge von 1000 mm aufgebaut, um eine ausreichende Basis für die Winkelmessungen zu erhalten. Zur Unterstützung der externen Triggerung des Systems wurde ein mit einem Schmitt-Trigger kombiniertes Monoflop zwischen die Meßseile Nr. 1 und 2 geschaltet, um das kurzzeitige Wechseln des Zustandes eines digitalen Ausgangs der Plattformsteuerung zuverlässig über die Seile zu übertragen. Damit wird ein 15 ms langer Spannungspuls erzeugt, der vom Mikro-Rechner eindeutig zu erkennen und auszuwerten ist. Die Stromversorgung dieses Schalters mit 12 V wird von der Fahrzeugbatterie übernommen.

6.1.2 Überprüfung der Genauigkeit des Meßsystems

Zur Überprüfung der in Kap. 5.1.1.2 getroffenen Abschätzungen zur Sensorgenauigkeit wurden die aufgebauten Seilzugsensoren mit einem Referenzsystem vermessen. Die getroffene Größenabschätzung wurde dabei bestätigt, sie liegt bei 300 ppm der Meßseillänge. Abb. 6-4 zeigt zwei beispielhafte Ergebnisse.

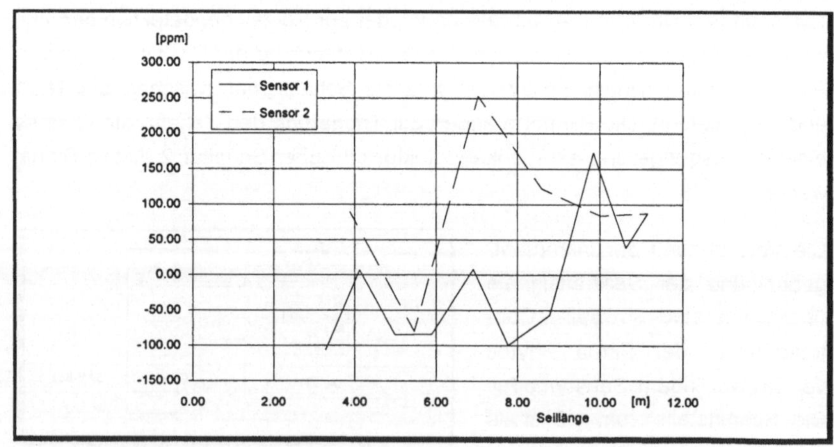

Abb. 6-4:   *Vermessene Genauigkeit der Seilzugsensoren*

6.1.3 Software

Für eine schnelle und einfache Inbetriebnahme des Systems wurde die Bedien-
oberfläche des PC-Meßprogramms als Menü ausgeführt.

<table>
<tr><th colspan="3">Benutzeroberfläche des Vermessungssystems</th></tr>
<tr><th>Konfiguration</th><th>Messung</th><th>Diagnose</th></tr>
<tr><td>- Einrichtung

- Meßarmanbau

- Benutzerkoordinaten

- Parametrierung der
  Mikro-Rechner</td><td>- Koordinatenwahl

- Meßrate

- Glättung / Reduktion

- Meßdatei

- Trigger

- Datenaufnahme</td><td>Diagnosefunktionen
und Hilfsroutinen zur
Systementwicklung
und Wartung</td></tr>
</table>

Abb. 6-5:   *Benutzeroberfläche "Hauptmenü"*

Dabei werden die Einstell- und Transformationsdaten der letzten Messung gespeichert und im folgenden als Default-Werte angeboten, um unnötige Ein-
stellarbeiten zu vermeiden. Die Algorithmen der Sensorstationen wurden mittels
eines Crosscompilers in der Programmiersprache C, jene des Auswerte-PCs in
Microsoft C 7.0, entwickelt und implementiert.

Mit den in Abb. 6-5 bis 6-7 dargestellten Menümöglichkeiten sind die Vermes-
sungsaufgaben typischer Plattformen effizient und schnell durchführbar. Die
Möglichkeit der freien Wahl des Koordinatensystems und des Bezugspunktes
auf dem Fahrzeug gestattet für beliebige Anwendungen den direkten Vergleich
der ausgegebenen Meßpunkte mit den jeweils angestrebten Sollpunkten, z.B.
bei Andockvorgängen oder speziellen Kurvenformen für die optimale Flächen-
überdeckung bei Reinigungsaufgaben.

Konfiguration			
Einrichtung	Meßarmanbau	Benutzer-koordinaten	Parametrierung der µ-Rechner
Durch die gegenseitige Vermessung der Sensormodule wird die Meßbasis b, b_1 und e ermittelt und abgespeichert.	Die Ablagen Δl_l und Δl_q sowie der Winkel δ werden eingegeben und gespeichert.	Ein Punkt und der zugehörige Winkel oder zwei Punkte können vorgegeben werden. Daraus wird die Transformationsmatrix berechnet und abgespeichert.	Die Parameter für die Seillängenberechnung auf den µ-Rechnern können editiert an die jeweiligen Meßmodule übertragen und deren Zählerstände zurückgesetzt werden.

Abb. 6-6: *Auswahlmöglichkeiten - Menü "Konfiguration"*

Messung					
Koordinatenwahl	Meßrate	Glättung / Reduktion	Meßdatei	Trigger	Datenaufnahme
Die Messungen werden in den gewählten Koordinaten angezeigt oder abgespeichert.	Die Frequenz der Datenaufnahme kann zwischen 35 ms und 10 s eingestellt werden.	Zwischen der Mittelwertbildung über n Meßwerte und der gleitenden Mittelwertbildung über n Meßwerte kann umgeschaltet werden.	Der Name der Datei, in die die Daten abgelegt werden, wird eingegeben.	Für die Synchronisation von plattforminterner Datenerfassung und Vermessung kann das Meßsystem zwischen interner und externer Triggerung umgeschaltet werden.	Die Messung wird gestartet. Ist kein Dateiname angegeben, werden die Daten nur am Bildschirm angezeigt.

Abb. 6-7: *Auswahlmöglichkeiten - Menü "Messung"*

6.2 Die Plattform

6.2.1 Einsatz

Die eingesetzte Service-Plattform "IMP" der irischen Firma KENTREE ist als ferngesteuertes leichtes Kettenfahrzeug ausgeführt, das speziell für den Betrieb in engen und unzugänglichen Räumen entwickelt wurde. Sein typisches Einsatzfeld umfaßt die Inspektion und Handhabung von Objekten in kontaminierten Bereichen nuklearer Reaktoren, von potentiell explosiven Gegenständen wie verdächtige Gepäckstücke in Bahnhöfen oder Flughäfen oder vermutete Sprengsätze oder auch Erkundungsfahrten in unbekannten Gängen oder Höhlen archäologischer Forschungsstätten.

Bei allen genannten Aufgaben ist die Beschädigung oder der Verlust des Fahrzeugs möglich oder sogar wahrscheinlich. Zudem müssen insbesondere in radioaktiv verstrahlten Bereichen alle elektronischen Komponenten mit Blei gekapselt werden, um über längere Zeit funktionsfähig zu bleiben. Dies führt zur Forderung nach low-cost Ausführung sowie Miniaturaufbau und -austattung des Fahrzeugs mit präziser, aber preiswerter Sensorausstattung für Ortung und Navigation.

6.2.2 Aufbau

Das IMP-Fahrzeug besteht aus einem rechteckigen Grundkörper, in den die Batterien zur Stromversorgung und die Antriebsmotoren integriert sind. Zwei Antriebsketten sind seitlich daran angebaut. An der Frontseite ist ein motorisch schwenkbares Kettenpaar installiert, das zum Überklettern von Hindernissen oder zum Treppensteigen eingesetzt werden kann. Sein Antrieb erfolgt formschlüssig über das seitliche Hauptkettenpaar.

Auf den Grundkörper aufgesetzt befindet sich die Steuerungs- und Nutzlasteinheit. Auch sie ist rechteckförmig ausgeführt und beinhaltet Fahrzeugsteuerung, Motorsteller, Fernsteuer- und Datenübertragungsmodule, Steuerung evtl. angebauter Manipulatoren sowie zusätzliche Nutzlast- oder Sensorausstattung. Sie wird oben abgedeckt von einer Montageplatte zum Anbau anwendungsspezifischer Ausrüstung.

Die beiden Antriebsmotoren der Ketten sind jeweils mit Inkrementgebern ausgestattet, die die für die koppelnde Ortung der Plattform benötigten Odometerdaten liefern. Sie werden in der konventionellen Form eines Differentialantriebs ausgewertet. Die so ermittelte Fahrzeuglage wird über Funk an die Benutzerschnittstelle übertragen und dort am Bildschirm graphisch dargestellt. Sie dient dem Bediener als Unterstützung zusätzlich zum Bild der am Fahrzeug montierten Videokamera.

Aufgrund der großen Reibung der Ketten weicht die angezeigte Fahrzeuglage besonders bei Drehbewegungen der Plattform schnell von der realen Lage ab. Hier soll eine Verbesserung der Ortung eine zuverlässigere Bedienerführung ermöglichen.

6.2.3 Anbau der Meßausrüstung

Für den Einsatz des Vermessungssystems an der IMP-Plattform wurde deren Montageplatte genutzt. Der Vermessungsarm wurde so darauf befestigt, daß er keine nennenswerte Verschiebung des Schwerpunkts der Plattform bewirkt. Zur Synchronisation externer und interner Datenerfassung wird an der Plattformsteuerung ein digitaler Ausgang zum Zeitpunkt der internen Datenerfassung kurzzeitig auf "high" gesetzt. Weitere Änderungen an der IMP-Plattform wurden nicht vorgenommen.

6.3 Versuchsdurchführung

Zur Vermessung der IMP-Plattform wurde ein Parcours gefahren, der einer typischen Inspektionsfahrt in Innenräumen entspricht. Der normale Bewegungsbereich ohne direkte Sichtverbindung umfaßt eine Grundfläche von etwa 30 m^2 für diesen Fahrzeugtyp. Die Bahn wurde im Fernsteuerbetrieb manuell gesteuert gefahren. Dies zeigt sich deutlich in der unregelmäßigen Bahnform der Abb. 6-9. Die 3 Meßmodule wurden außerhalb des Parcours an den Positionen

- [-3.2 m / -0.6 m] (Sensormodul Nr. 1),

- [2.9 m / -0.8 m] (Sensormodul Nr. 2) und

- [3.1 m / 4.5 m] (Sensormodul Nr. 3)

aufgestellt. Abb. 6-8 zeigt die Sensorelemente und ihre Aufstellung zusammen mit der zu vermessenden Plattform.

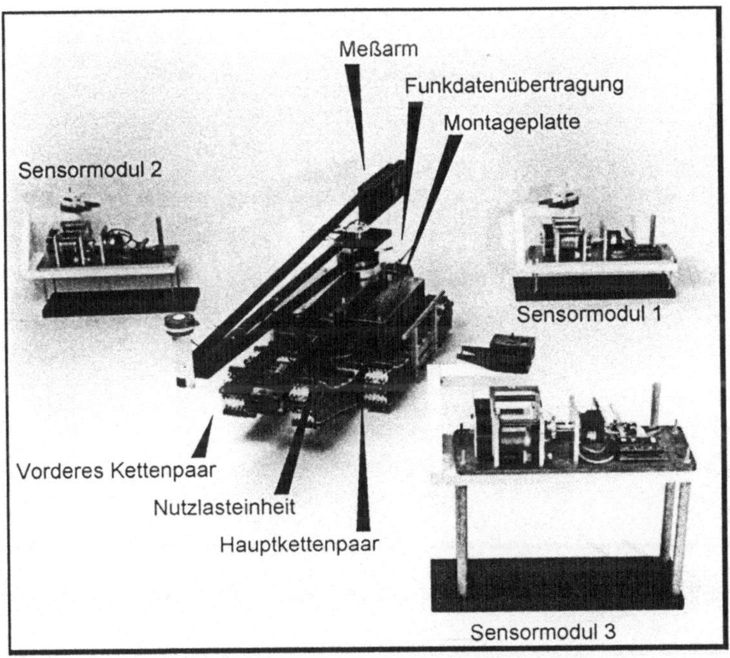

Abb. 6-8:   *Sensoraufstellung zur Vermessung der IMP-Plattform*

6.3.1   Versuchsergebnisse

Die Versuche zeigen (Abb. 6-9), wie schon vielfach zuvor bei Fahrten beobachtet, signifikante Abweichungen zwischen der gesteuerten Bahn und den intern mitgekoppelten Fahrzeugpositionen. In Abb. 6-10 sind diese Abweichungen einer Fahrt zwischen gekoppelter und vermessener Fahrzeugposition getrennt nach x-, y- und Positionsgesamtabweichungen dargestellt. Sie resultieren aus dem undefinierten Bodenkontakt der Ketten bei Kurvenfahrten. Gleiten tritt an den Ketten in x- und y-Richtung auf. Dieser Effekt führt dazu, daß sowohl die Beträge der odometrisch erfaßten Geschwindigkeiten beider Ketten wie auch die Richtungen dieser Geschwindigkeiten an den der Berechnung zugrundeliegenden Angriffspunkten stark von den real vorherrschenden Geschwindigkeiten abweichen. Die Abbildungen 6-11 und 6-12 zeigen beispielhafte Verläufe des Längsschlupf und der Schräglaufwinkel beider Ketten über der zurückgelegten Wegstrecke.

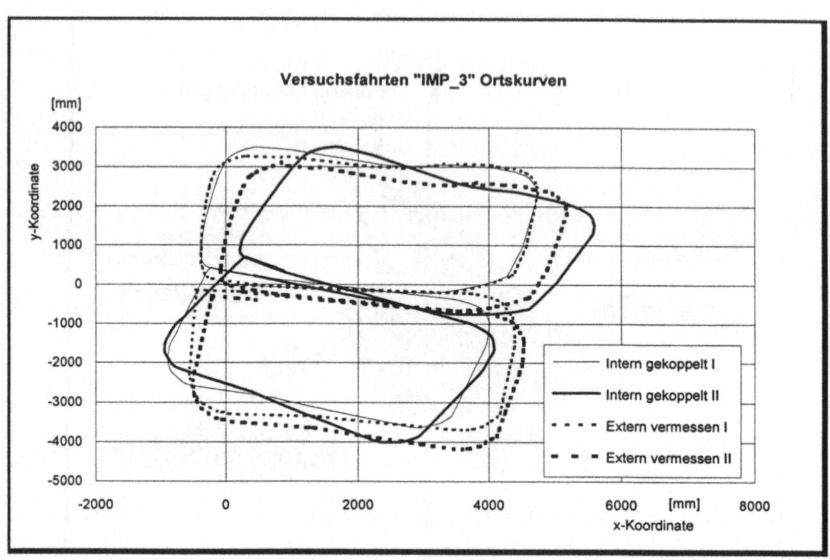

Abb. 6-9: Vermessener und gekoppelter Bahnverlauf

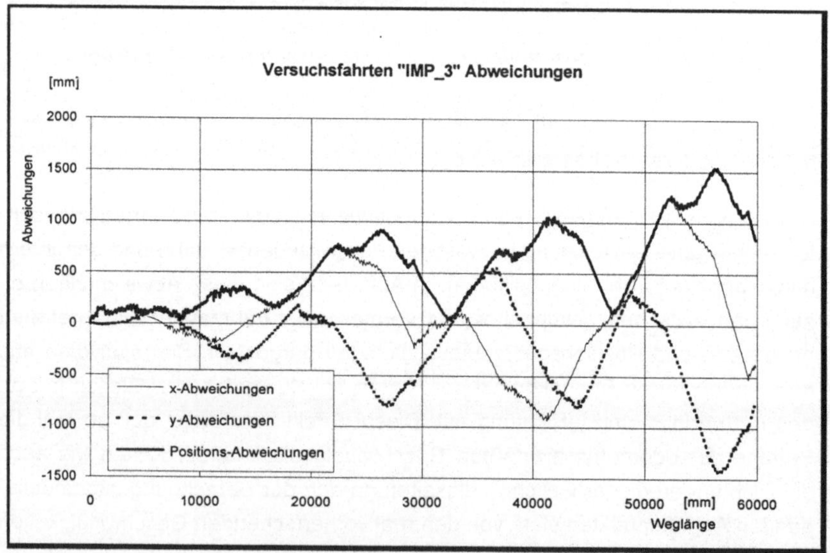

Abb. 6-10: Abweichungen zwischen gekoppelter und vermessener Bahn

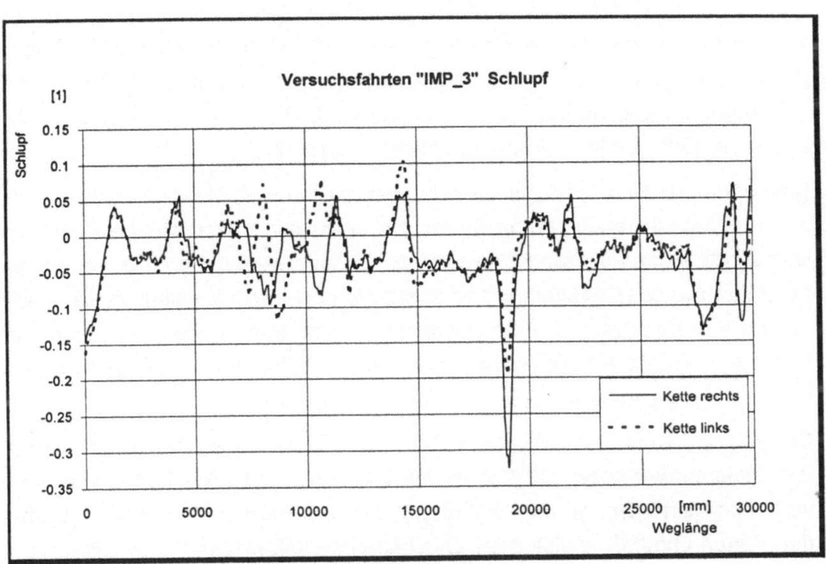

Abb. 6-11:   Längsschlupf

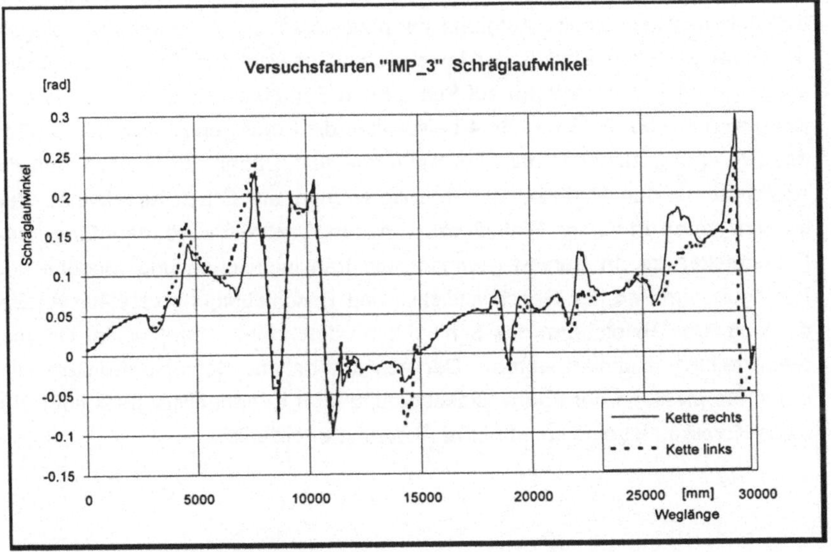

Abb. 6-12:   Schräglaufwinkel

Während der ersten Phase der Fahrt - die Plattform bewegt sich dabei vorwiegend gerade in positiver x-Richtung - wachsen zunächst die Abweichungen in x-Richtung an. Dies ist als Folge des Längsschlupf zu interpretieren, der in diesem ersten Abschnitt der Fahrt zu Abweichungen führt.

Die nachfolgenden Positionsabweichungen stellen sich als Kombinationen der weiteren kumulierenden Koppelfehler und der bisher aufgetretenen Winkelfehler dar. Mit jeder weiteren Kurve wird die Zu- oder Abnahme einer Fehlerkomponente in x- oder y-Richtung verstärkt oder geschwächt, während die jeweils andere Komponente sich entsprechend der Bahnform phasenverschoben verhält. Der gesamte Positionsfehler verändert sich also auch in Stufenform, entsprechend dem stufenförmigen Verlauf seiner Komponenten.

Die Abb. 6-11 bis 6-12 zeigen deutlich, daß Kurvenfahrten mit Abweichungen der Schlupfgrößen bzw. der Schräglaufwinkel zwischen linker und rechter Kette verbunden sind. Bei gerader Fahrt sind Schlupf und Schräglaufwinkel an beiden Ketten ungefähr gleich groß. Das bedeutet, daß insbesondere Abweichungen dieser Größen zwischen beiden Ketten zum Anwachsen der Positionsfehler führen.

Die weitere Auswertung liefert die Parameter K_1 bis K_8 für die Schlupf- und Schräglaufwinkelmodelle. Aufgrund der physikalischen Modellstruktur spiegeln die Parameter den Einfluß der jeweils damit gewichteten Größe des Bewegungszustands der Plattform auf Schlupf und Schräglaufwinkel wider. Für eine Kette sind in Abb. 6-13 und 6-14 beispielhaft die jeweiligen Anteile der Größen des Bewegungszustands der Plattform dargestellt. Dabei wird deutlich, daß die Absolutterme der Modelle, in den Diagrammen als Offset bezeichnet, den größten Anteil an beiden Einflußgrößen haben. Dies trifft besonders für gerade Fahrstrecken zu. In Kurven gewinnen die translatorischen und rotatorischen Bewegungsgrößen der Geschwindigkeit und Beschleunigung verstärkt an Bedeutung. Der Absolutterm des Schlupf kann durch eine Korrektur der Odometereinstellung minimiert werden. Der Absolutterm des Schräglaufwinkels wird durch die Montage der Fahrwerksketten und ihrer Kettenpolster beeinflußt. Für seine Korrektur ist eine konstruktive Änderung erforderlich.

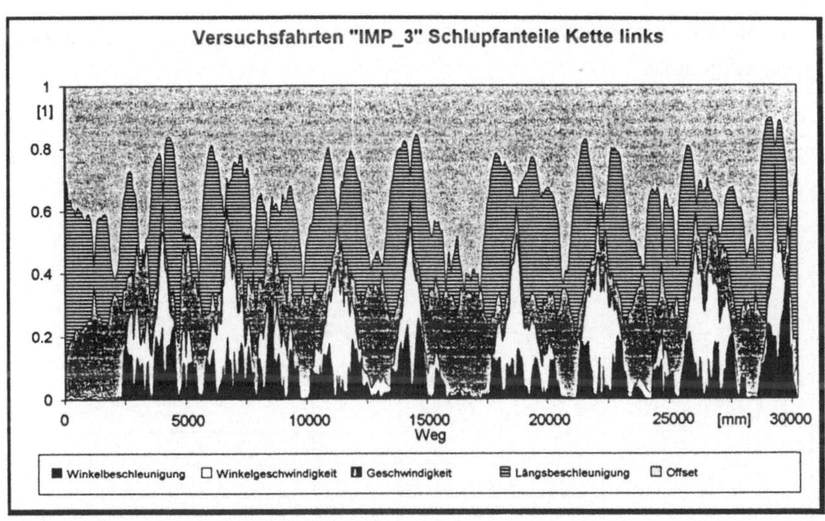

Abb. 6-13:   *Verteilung der schlupfverursachenden Bewegungsgrößen*

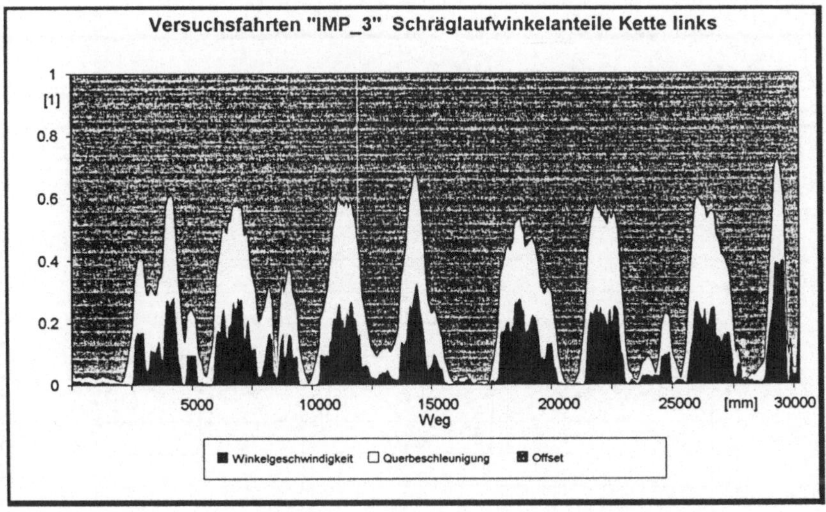

Abb. 6-14:   *Verteilung der Ursachen für den Schräglaufwinkel*

Mit den Modellparametern K_1 bis K_8 wurden die Verläufe von Schlupf und Schräglaufwinkel modelliert und mit den gemessenen Werten verglichen. In

Abb. 6-15 und 6-16 sind für eine Kette die jeweiligen Ergebnisse der Modellierung dargestellt.

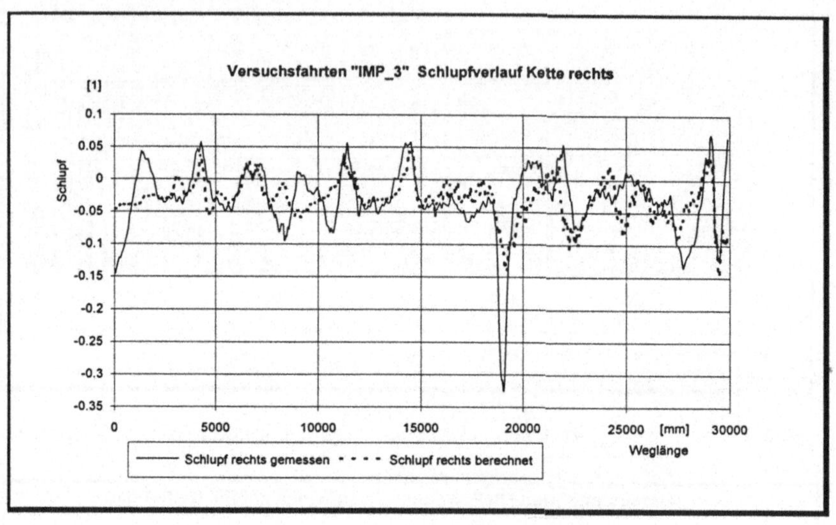

Abb. 6-15:   *Längsschlupf*

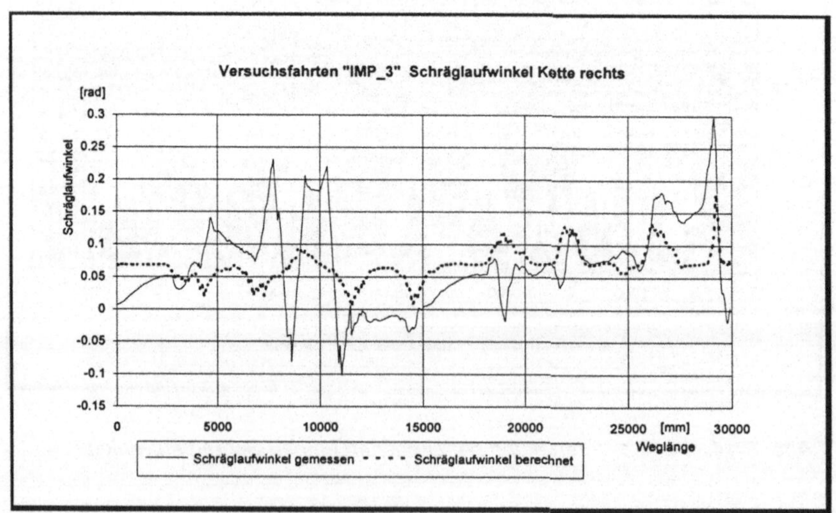

Abb. 6-16:   *Schräglaufwinkel*

Die berechneten Werte für Schlupf und Schräglaufwinkel nähern den gemessenen Verlauf dieser Größen an. Lokale Abweichungen durch statistische Einflüsse des Bodenkontakts sind mit dem Verfahren nicht nachzubilden. Auch einzelne Peaks, verursacht durch die zeitdiskrete Ableitung der Plattformbahn, differieren vom gemessenen Schlupfverlauf. Der Schlupf liegt im Mittel in der Größenordnung von - 3 % und der Schräglaufwinkel bei 2.8°. Zur Überprüfung der Möglichkeiten, mit den parametrierten Modellen die Ortung der Plattform zu verbessern, wurde die gekoppelte Bahn unter Benutzung der Schlupf- und Schräglaufwinkelmodelle nachgerechnet. Die unberichtigte Bahn der koppelnden Ortung, die schlupfberichtigte Bahn und die extern vermessene Bahn sind in Abb. 6-17 dargestellt.

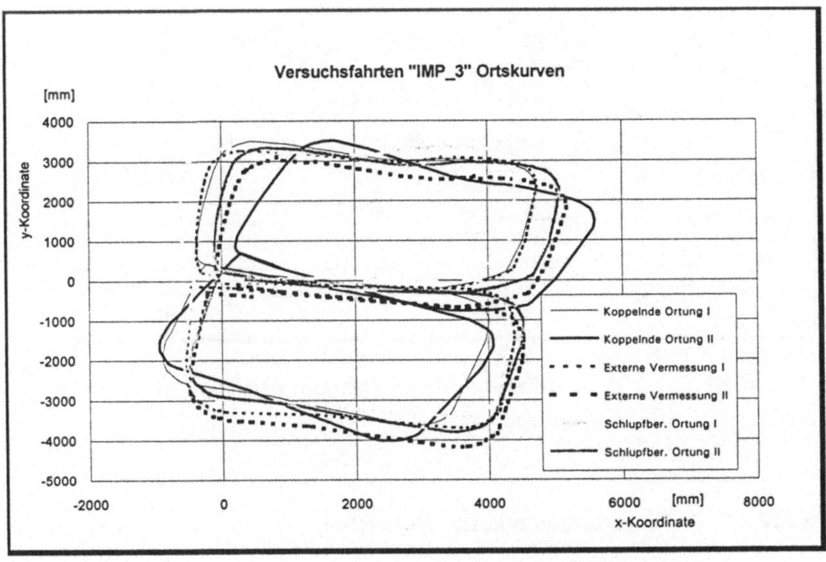

Abb. 6-17:   Vergleich der Ortskurven der Plattformbahn

Die korrigierte Bahn zeigt eine deutlich bessere Übereinstimmung mit der extern vermessenen Bahn der Plattform, verglichen mit der ursprünglich gekoppelten Bahn. Die Kompensation der primären Einflußfaktoren Schlupf und Schräglaufwinkel kann somit die Ortung derartiger Plattformen verbessern. Abb. 6-18 zeigt die verbliebenen Abweichungen zwischen gekoppelter und vermessener Bahn. Die nach der Schlupfkorrektur verbleibenden Abweichungen sind etwa um den Faktor 2 kleiner als die Bahnabweichungen ohne Berücksichtigung von Schlupf und Schräglaufwinkel, wie der Vergleich mit dem Diagramm in Abb. 6-10 zeigt. Insbesondere die starke Tendenz zum Anwachsen der Abweichungen konnte durch die Schlupfkorrektur deutlich verbessert werden.

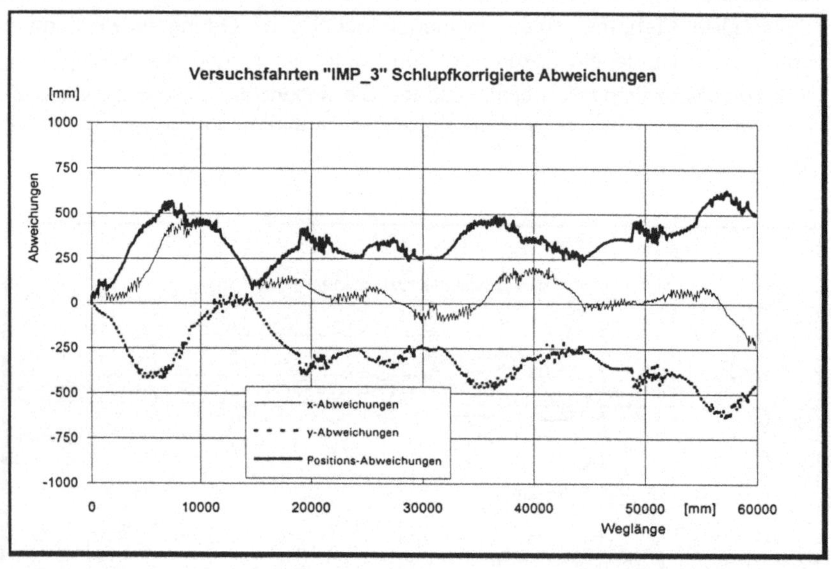

Abb. 6-18:   *Verbliebene Abweichungen zwischen gekoppelter und vermessener Bahn*

6.3.2   Folgerungen aus den Versuchen

Am Beispiel der mobilen Plattform IMP wird die Leistungsfähigkeit des entwikkelten automatischen Verfahrens zur Kalibrierung der koppelnden Ortungseinheit mobiler Plattformen bestätigt. Die in Versuchsfahrten erzielten Ergebnisse zeigen, daß die an das automatische Verfahren gestellten Anforderungen erfüllt sind.

Im vorliegenden Beispiel wurden die zur Datenaufnahme notwendigen Versuchsfahrten innerhalb von zwei Stunden durchgeführt. Darin ist der Aufbau des Vermessungssystems und seine Einrichtung eingeschlossen. Die Bestimmung der Parameter der Schlupfmodelle unter „Microsoft Excel" auf einem PC erfordert etwa eine weitere Stunde Zeit. Die automatische Kalibrierung der koppelnden Ortungseinheit einer mobilen Plattform ist damit binnen eines halben Tages abzuschließen.

Durch die Anwendung der parametrierten Schlupfmodelle zeigten die durchgeführten Vergleichsfahrten Verbesserungen in der Positioniergenauigkeit der Plattform um etwa den Faktor 2. Diese Ergebnisse sind auf andere Fahrzeuge übertragbar. Speziell bei Radfahrzeugen sind noch bessere Resultate in Bezug auf Schlupf und Schräglaufwinkel zu erwarten, da dort definierte Kontaktbedingungen zwischen Rad und Boden herrschen.

Die Optimierung des Vermessungssystems sollte auf eine Gewichtsminimierung des Meßarms und die Erhöhung der Steifigkeit der Meßseile abzielen. Ansatzpunkte dafür liegen in der Verwendung faserverstärkter Kunststoffe für beide Komponenten.

Zukünftig sollten Untersuchungen zur Ermittlung der Parameter bei unterschiedlichen Plattformen unternommen werden. Damit können Vergleiche zwischen verschiedenen Fahrwerksgeometrien, Umgebungs- und Einsatzbedingungen durchgeführt und Aussagen über die in der Praxis jeweils möglichen Verbesserungen durch die Kompensation von Schlupf und Schräglaufwinkel gemacht werden.

Das entwickelte Verfahren ermöglicht somit, besonders bei Plattformen mit preiswerter Mechanik und Sensorik, die Verbesserung der koppelnden Positionsbestimmung um etwa den Faktor 2. Dies ist eine der wesentlichen Voraussetzungen für die zukünftige Verbreitung derartiger Fahrzeuge nicht zuletzt auch im Dienstleistungsbereich.

Mobile Plattformen im industriellen Bereich haben sich in vielen Anwendungen etabliert. Der Aufbruch im Bereich Dienstleistung führt zu neuen Anforderungen an Maschinen und Geräte besonders hinsichtlich ihrer Funktionalität und ihres Preises. Kostengünstige Technologien mit dem Potential zur Fertigung im grossen Maßstab sind gefordert. Eine der Schlüsselkomponenten dafür ist die schnelle und effiziente Vermessung und Kalibrierung der Ortungskomponente, um die Navigationsgenauigkeit derartiger Plattformen zu gewährleisten.

Die koppelnden Ortungsverfahren wurden analysiert und Einflußfaktoren ausgearbeitet. Die gegenseitigen Beeinflussungen der verschiedenen Faktoren wurden untersucht und primäre und sekundäre Einflußfaktoren unterschieden. In der daraus abgeleiteten Wirkungskette werden diese Abhängigkeiten deutlich. Zur Beurteilung der Relevanz der Einflußgrößen wurde eine Literaturrecherche über 174 Veröffentlichungen durchgeführt. Ihr Ergebnis wies auf die Bedeutung der Einflußgröße "Schlupf" für die Genauigkeit der Ortung hin. Als weitere wichtige Faktoren wurden ein undefinierter Bodenkontakt und der sich verändernde Raddurchmesser genannt. Die Auswirkungen der primären Einflußfaktoren wurden anhand von Beispielrechnungen mit typischen Fahrwerksgeometrien quantifiziert und damit ihre Relevanz bewertet. Der Faktor Schlupf, als Längsschlupf und als Schräglaufwinkel, war dabei klar als wichtigste Einflußgröße zu identifizieren. Weiter wurden die bestehenden Verfahren zur Kalibrierung koppelnder Ortungseinheiten untersucht.

Die aus der Analyse abgeleiteten funktionalen Forderungen zusammen mit den betrieblichen Rand- und Einsatzbedingungen nach Wirtschaftlichkeit, einfacher Bedienung und Installation ergaben die Anforderungen an das automatische Verfahren zur Vermessung und Kalibrierung der Ortungskomponente mobiler Plattformen.

Für das Verfahren wesentlich war die Konzeption des benötigten Vermessungssystems zur Aufzeichnung der Bahn mobiler Plattformen synchron zur internen Koppelung der Lage. Dafür wurden die prinzipiellen physikalischen Möglichkeiten und ihre technische Realisierbarkeit auf der Basis existierender Sensor- und Vermessungssysteme untersucht. Als unter den ausgearbeiteten Anforderungen bestgeeignete Lösungsvariante ergab sich das Verfahren der Trilateration mittels mechanischer Seilzugsensoren. Damit wurde die Vermessung einer beliebigen Plattform in den drei Koordinaten der Ebene und die

Triggerung des Vermessungssystems auf den Takt der internen Lageerfassung der Plattform in einfacher Weise möglich.

Die Konzeption der Modellbildung für die Einflußfaktoren führte zur Auswahl physikalisch parametrischer Modelle. Für die Parameterbestimmung wurde die Methode der kleinsten Quadrate aufgrund ihrer Einfachheit und Robustheit gegenüber statistischen Störungen ausgewählt. Als Basis für die Parametrierung der Modelle diente der Vergleich der plattformintern gekoppelten und extern vermessenen Positionsdaten der Plattform.

Die Ausarbeitung der Algorithmen für die Modellierung der Einflußgrößen Schlupf und Schräglaufwinkel führte auf acht Parameter, die diese Einflußgrößen in Abhängigkeit des Bewegungszustands der Plattform beschreiben. Dabei muß unterschieden werden, ob es sich um angetriebene Fahrwerke oder um geschleppte Räder handelt. Bei angetriebenen Rädern beschreiben die Parameter die gesamte Dynamik der Plattform, bei geschleppten Rädern geht nur die Dynamik des einzelnen Rades ein.

Das ausgearbeitete Verfahren wurde an einem Fahrzeug für Inspektions- und Wartungsarbeiten angewendet. Sein Einsatzgebiet umfaßt neben kontaminierten Bereichen nuklearer Anlagen hauptsächlich die Handhabung explosiver oder verdächtiger Objekte. Die Plattform besitzt ein Kettenfahrwerk, um auch an unzugänglichen Stellen arbeiten, Treppen steigen oder Hindernisse überklettern zu können. Die undefinierten Haftungsbedingungen bei Kurvenfahrten führen zu statistischen Störungen der Abrollbedingungen und beeinträchtigen die erreichbare Qualität der Schlupfmodellierung.

Die Meßergebnisse zeigten, daß besonders bei Kurvenfahrten die Größen sowohl für Schlupf wie auch für Schräglaufwinkel zwischen beiden Ketten differieren, während sie bei Geradfahrten ähnlich bleiben. Dies führt zu großen Abweichungen zwischen gekoppelter Bahn und real gefahrener Bahn. Die Bestimmung der Modellparameter bestätigte die getroffenen Annahmen bei der Ausarbeitung der Modellgleichungen. Beim untersuchten Fahrzeug fielen besonders die großen Absolutglieder der Modellgleichungen auf. Sie spiegeln ein nicht korrekt eingestelltes Odometer sowie schräg ziehende Antriebsketten wider. Die Korrektur des Odometerfaktors ist problemlos möglich, der Schräglauf der Ketten erfordert jedoch konstruktive Änderungen und wird daher in der Praxis normalerweise nicht durchgeführt. Durch die Kenntnis des Schräglaufverhaltens ist nun eine rechnerische Kompensation möglich.

Für die Qualitätssicherung in der Produktion und für die Endabnahme mobiler Plattformen kann das entwickelte Verfahren eine wertvolle Hilfe darstellen. Seine Einbindung in den Betriebsablauf wird zu Anpassungen im Datenaustausch und zu anlagenspezifischen Optimierungen führen.

Durch den Einsatz der neuesten Sensoren zur Längenmessung kann eine weitere Steigerung der Vermessungsgenauigkeit erreicht und zudem die Reichweite bis auf Meßlängen von ca. 50 m gesteigert werden. Weiteres Potential für Verbesserungen liegt in der Benutzung alternativer Materialien mit höheren Steifigkeiten und geringerem Gewicht für das Meßseil. Hier bieten sich HM-Kohlefasern an, die jedoch aufgrund ihrer Empfindlichkeit gegen Scherbeanspruchungen mit speziellen Schutzummantelungen, z.B. aus Kevlar, oder mit besonderem Finish zu versehen sind. Weiteres Potential liegt in der Verbesserung der mechanischen Konstruktion des Spul- und Rückholmechanismus und des Inkrementgeberantriebs der Seilzugsensoren. Eine Reduzierung der bewegten Massen verbessert die Genauigkeit der Längenmessung und erhöht die zulässige Plattformgeschwindigkeit. Die Überarbeitung des Meßarms im Hinblick auf eine Gewichtsreduzierung sollte für ein besseres Handling durchgeführt werden. Leichtbaukonstruktionen aus Aluminium oder faserverstärkten Kunststoffen sind dafür erfolgversprechende Ansätze.

Der Einsatz des Systems an unterschiedlichen Plattformtypen kann Aufschluß darüber geben, welche Verbesserungen durch optimierte Erfassung von Schlupf und Schräglaufwinkel und anschließende Modellierung in der Praxis erzielt werden können. Das so gesammelte Datenmaterial ermöglicht dann Vergleiche zwischen verschiedenen Fahrzeugtypen.

8   Literaturverzeichnis

/abh_94/

August Becker Räder- und Rollenfabrik: *ABH Katalog R9.* Hagen, 1994. - Firmenschrift.

/ahlers_94/

Feinseilwerk C.G. Ahlers: *Feinseile, Feinlitzen und Komponenten.* Süssen, 1994. - Firmenschrift.

/asm_94/

ASM: *Meßseilprinzip-Meßwertaufnehmer für Position, Weg und Geschwindigkeit.* Unterhaching, 1992. - Firmenschrift.

/baum_85/

Baum, E.: *Motographie III. Entwicklung einer Methode zur Bewegungsaufzeichnung unter Berücksichtigung photogrammetrischer Anforderungen.* Dortmund: Wirtschaftsverlag NW, 1986. Zugl. Braunschweig, Universität, Diss., 1985.

/beitz_90/

Beitz, W.; Küttner, K.-H. (Hrsg).: *Dubbel - Taschenbuch für den Maschinenbau.* 17. Auflage. Berlin, u.a.: Springer, 1990.

/böndel_94/

Böndel, B.: *Saubere Bude.*
In: Wirtschaftswoche 48 (1994) 6, S. 84 - 86.

/borovoi_95/

Borovoi, A.A.; et al.: *Diagnostic Robots at the 4th Block of Chernobyl NPP.*
In: Proceedings of the 6th Topical Meeting on Robotics and Remote Systems, Monterey, USA, Januar 1995, S. 857 - 862.

/brammer_86/

Brammer, K.; Siffling, G.: *Stochastische Grundlagen des Kalman-Bucy-Filters.* 2. Auflage. München, Wien: Oldenbourg, 1986.

/brammer_89/

Brammer, K.; Siffling, G.: *Kalman-Bucy-Filter.* 3. Auflage. München, Wien: Oldenbourg, 1989.

/bronstein_89/   **Bronstein, I.N.; Semendjajew, K.A.:** *Taschenbuch der Mathematik.* Band 1, 24. Auflage. Thun, Frankfurt a. M.: Harri Deutsch, 1989.

/buschmann_76/   **Buschmann, H.; Koeßler, P.:** *Handbuch der Kraftfahrzeugtechnik,* Band 1 - 2. München: Heyne, 1976.

/bussien_65/   **Bussien:** *Automobiltechnisches Handbuch.* 2. Band. 18. Auflage. Berlin: Cram, 1965.

/cmu_92/   **Carnegie Mellon University Robotics Institute:** *Third Annual Report for Perception for Outdoor Navigation,* CMU-RI-TR-92-16. Pittsburgh, Pennsylvania, 1992.

/cox_90/   **Cox, I.J.; Wilfong, G.T.:** *Autonomous Robot Vehicles.* New York u.a.: Springer, 1990.

/cyberworks_93/   **Cyberworks:** *Modular Multi-Function Service Robot G-5 Series.* Ontario, Canada, 1993. - Firmenschrift.

/datron_94/   **DATRON Meßtechnik:** *V-Sensor, LS-Sensor, Q-Sensor.* Schwalbach, 1994. - Firmenschrift.

/din_7155/   **Norm DIN 7155, Teil1 08.66:** *ISO Passungen für Einheitswelle.*

/din_8570/   **Norm DIN 8570, Teil 1 10.87:** *Allgemeintoleranzen für Schweißkonstruktionen.*

/drunk_90/   **Drunk, G.:** *Sensor- und Steuerungssystem für die leitlinienlose Führung automatischer Flurförderzeuge.* Berlin u.a.: Springer, 1990. Zugl. Stuttgart, Universität, Diss., 1990.
(IPA-IAO Forschung und Praxis, Band 147)

/engelberger_93/   **Engelberger, J.:** *The Service Robot Frontier.* In: Industrial Robot 20 (1993) 5, S. 3 - 4.

/evans_89/   **Evans, J.; et al.:** *HelpMate™: A Robotic Materials Transport System.* In: Robotics and Autonomous Systems 5 (1989) 5, S. 251 - 256.

/freudenstein_61/   **Freudenstein, G.:** *Luftreifen bei Schräg- und Kurvenlauf - Experimentelle und theoretische Untersuchungen an Lkw-Reifen.* Düsseldorf: VDI, 1961. (Deutsche Kraftfahrtforschung und Straßenverkehrstechnik, 152)

/gauss_59/   **Gauss, F.; Wolff, H.:** *Über die Seitenführungskraft von Personenwagen-Reifen.* Düsseldorf: VDI, 1959. (Deutsche Kraftfahrtforschung und Straßenverkehrstechnik, 133)

/grabau_89/   **Grabau, R.; Pfaff, K.:** *Funkpeiltechnik: Peilen, Orten, Navigieren, Leiten.* Stuttgart: Franckh, 1989.

/hammond_86/   **Hammond, G.:** *AGVS At Work - Automated Guided Vehicle Systems.* Berlin u.a.: Springer, 1986.

/hartl_94/   **Hartl, Ph.; et al.:** *Einführung in die Navigation.* Stuttgart, Universität, unveröffentlichtes Vorlesungsmanuskript, 1994.

/hartmann_93/   **Hartmann, K.:** *Praktische Fallstudie eines frei navigierenden FTS-Schleppersystems in der Automobilindustrie.* In: FTS-Fachtagung, 6.10.1993 in Stuttgart. / Jünemann, R.; Pritschow, G. (Hrsg.). Dortmund: Praxiswissen, 1993, 11. Beitrag, (Logistik aktuell).

/hinkel_89/   **Hinkel, R.:** *Konzeption eines echtzeitfähigen autonomen mobilen Systems.* Kaiserslautern, Universität, Diss., 1989.

/ibeo_94/   **IBEO Lasertechnik:** *Navitrack 2000, Aerotrack, Helitrack.* Hamburg, 1994. - Firmenschrift.

/isermann_74/   **Isermann, R.:** *Prozeßidentifikation.* Berlin u.a.: Springer, 1974.

/isermann_92/   **Isermann, R.:** *Identifikation dynamischer Systeme 1.* 2. Auflage. Berlin u.a.: Springer, 1992.

/jantzer_90/   **Jantzer, M.:** *Bahnverhalten und Regelung fahrerloser Transportsysteme ohne Spurbindung.* Berlin, u.a.: Springer, 1990. Zugl. Stuttgart, Universität, Diss., 1990. (ISW Forschung und Praxis, Band 82)

/jodin_92/   **Jodin, D.; Vögler, H.:** *Konstruktion, Aufbau und Steuerung eines leitdrahtlosen Flurförderzeugs.* In: FTS-Fachtagung, 15.10.1992, Stuttgart. Dortmund: Praxiswissen, 1992, 3. Beitrag.

/kailath_81/   **Kailath, T.:** *Lectures on Wiener and Kalman Filtering.* Berlin u.a.: Springer, 1981.

/kelterer_94/   **Kelterer, M.; Luz, J.:** *Der autonome Kurierdienstroboter - ein neuer Trend in der Krankenhauslogistik.* In: Krankenhaustechnik 20 (1994) 8, S. 53 - 56.

/kentree_93/   **KENTREE:** *IMP Kentree Miniature Robot Vehicle.* Kilbrittain, Irland, 1993. - Firmenschrift.

/koeßler_64/   **Koeßler, P.; Senger, G.:** *Vergleichende Untersuchungen zu Seitenführungseigenschaften von Personenwagenreifen.* Düsseldorf: VDI, 1964. (Deutsche Kraftfahrtforschung und Straßenverkehrstechnik, 172)

/kopp_90/   **Kopp, G.; Wehking, K.-H.:** *Schnelle Schwerlast-FTS im Werksgelände.* In: Logistik im Unternehmen 4 (1990) 3, S. 46 - 49.

/kramar_73/   **Kramar, E.:** *Funksysteme für Ortung und Navigation.* Stuttgart u.a.: Kohlhammer, 1973.

/kramer_93/   **Kramer, G.:** *Inbetriebnahme und erste Betriebserfahrungen mit einem leitdrahtlos geführten Gabelstapler FTF für Kabelspulen bis 2 Tonnen, Hersteller des FTF: Firma Schoeller.*
In: FTS-Fachtagung, 6.10.1993 in Stuttgart. / Jünemann, R.; Pritschow, G. (Hrsg.). Dortmund: Praxiswissen, 1993, 10. Beitrag, (Logistik aktuell).

/krautter_94/   **Krautter, J.:** *Optimaler Fahrweg.*
In: Maschinenmarkt 100 (1994) 27, S. 38 - 40.

/krebs_80/   **Krebs, V.:** *Nichtlineare Filterung.* München, Wien: Oldenbourg, 1980.

/krypton_94/   **Krypton Electronic Engineering:** Krypton *RODYM 6D; REFCUBE 6D; REFPOSE 3D; RODYM 2D.* Leuven, Belgien, 1994. - Firmenschrift.

/lapin_92/   **Lapin, B.:** *Adaptive Position Estimation for an Automated Guided Vehicle.*
In: SPIE, Vol. 1831 Mobile Robots VII, 1992, S. 82 - 94.

/linnik_61/   **Linnik, J.W.:** *Methode der kleinsten Quadrate in moderner Darstellung.* Berlin: VEB Deutscher Verlag der Wissenschaften, 1961.

/maybeck_79/   **Maybeck, P.S.:** *Stochastic Models, Estimation and Control.* New York u.a.: Academic Press, 1979.

/merklinger_91/   **Merklinger, A.:** *Performance Data of Dead Reckoning Procedures for Non Guided Vehicles.*
In: Information Processing in Autonomous Mobile Robots. Proceedings of the International Workshop, 6.-8.3.1991 in München. / Schmidt, G. (Hrsg.). Berlin u.a.: Springer, 1991, S. 121 - 133.

/meystel_91/   **Meystel, A.:** *Autonomous Mobile Robots - Vehicles with cognitive Control.* Singapore, u.a.: World Scientific Publishing, 1991.

/miag_88/   **Miag Fahrzeugbau:** *Omnidrive*. Braunschweig, 1988. - Firmenschrift.

/mitschke_90/   **Mitschke, M.:** *Dynamik der Kraftfahrzeuge*, Band A - C. Berlin, u.a.: Springer, 1990.

/müller_83/   **Müller, T.:** *Automated Guided Vehicles*. Berlin, u.a.: Springer, 1983.

/müller_k_83/   **Müller, Krauß:** *Handbuch für die Schiffsführung*, Bände A - C. 8. Auflage. Berlin, u.a.: Springer, 1983.

/ndc_93/   **Netzler & Dahlgren:** *NDC: Laser Navigation Kit, Laser Guided Vehicle Systems*. Särö, Schweden, 1993. - Firmenschrift.

/nn_90/   **NN:** *Frog leaps from grid to grid*. In: Industrial Robot 17 (1990) 4, S. 193 - 194.

/nn_93/   **NN:** *>>UPUAUT<< Der Öffner der Wege*. In: CAD User Deutschland (1993) 11, S. 14 - 21.

/noijen_92/   **Noijen, F.J.A.M.:** *Container Handling with AGVs: the ECT Experience*. In: FTS-Fachtagung, 15.10.1992, Stuttgart. Dortmund: Praxiswissen, 1992, 4. Beitrag.

/obschonka_91/   **Obschonka, F.:** *Kostenoptimiert und dennoch kompatibel - Die FTS-Hersteller im Kreuzfeuer von Standardisierung und Kundenwünschen*. In: Die Steuerungsstruktur des FTS bestimmt die Zukunft der Fertigung und der Produktionslogistik. 1. Duisburger FTS Fachtagung, 27.9.1991, Duisburg: Fertigungstechnisches Labor, 1991, S. 73 - 106.

/papageorgiou_91/   **Papageorgiou, M.:** *Optimierung - Statische, dynamische, stochastische Verfahren für die Anwendung*. München u.a.: Oldenbourg, 1991.

/peuter_94/   **Peuter, De W.; et al.**: *Satellite Servicing in GEO by a Robotic Service Vehicle.* Noordwijk: Esa, 1994. (ESA-Bulletin Nr. 78)

/plocher_94/   **Plocher, T.**: *Literaturrecherche - Einflüsse auf die Bewegungsgenauigkeit von Roboterfahrzeugen in Industrie und Service.* Stuttgart, Universität, Studienarbeit, 1994.

/reimpell_78/   **Reimpell, J.**: *Fahrwerkstechnik*, Bände 1 - 3. Würzburg: Vogel, 1978.

/reimpell_88/   **Reimpell, J.; Sponagel, P.**: *Fahrwerkstechnik: Reifen und Räder.* Würzburg: Vogel, 1988.

/rentschler_94/   **Rentschler, S.**: *Studie über mobile Roboter und deren technischen Aufbau.* Stuttgart, Universität, Studienarbeit, 1994.

/rms_93/   **RMS**: *Kreiselmeßsysteme.* Hamburg, 1993. - Firmenschrift.

/rust_91/   **Rust, B.-H.**: *Die modulare FTS-Konzeption als flexible Lösungsstruktur für die Anwenderforderung.* In: Die Steuerungsstruktur des FTS bestimmt die Zukunft der Fertigung und der Produktionslogistik. 1. Duisburger FTS Fachtagung, 27.9.1991, Duisburg: Fertigungstechnisches Labor, 1991, S. 161 - 198.

/sage_71/   **Sage, A.P.; Melsa, J.L.**: *System Identification.* New York, London: Academic Press, 1971.

/schiessle_92/   **Schiessle, E.**: *Sensortechnik und Meßwertaufnahme.* 1. Auflage. Würzburg: Vogel, 1992.

/schlitt_92/   **Schlitt, H.**: *Systemtheorie für stochastische Prozesse.* Berlin u.a.: Springer, 1992.

/schmidt_93/   **Schmidt, G. (Hrsg.)**: *Autonome Mobile Systeme - Methoden, Technologien, Anwendungen.* 9. Fachgespräch an der Technischen Universität München, 28./29. Oktober 1993.

/schnell_91/   **Schnell, G.:** *Sensoren in der Automatisierungstechnik.*
Braunschweig: Vieweg, 1991.

/schoeller_93/   **Schoeller, M.:** *Einzel-FTF statt Gabelstapler - Die
wirtschaftliche Lösung.*
In: Die FTS-Technik im Umbruch. Hersteller und Betreiber
auf dem Weg zum kompatiblen, wirtschaftlichen FTS.
2. Duisburger FTS Fachtagung, 16.9.1993, Duisburg:
Fertigungstechnisches Labor, 1993, S. 79 - 96.

/schraft_89/   **Schraft, R.D.; Drunk, G.; Merklinger, A.; Forster, S.:**
*Mobile Autonomous Robot IPAMAR Performs Free Ranging
AGV Operation.*
In: Technology for tomorrow. Proceedings of the 7th
International Conference Automated Guided Vehicle
Systems, 13.-14.6.1994, Berlin, S. 57 - 68.

/schraft_94a/   **Schraft, R.D.; Wapler, M.; Neugebauer, J.-G.:** *Robotic
Systems for Hospitals.*
In: Asociacion Espanola de Robotica: Robomed ′94: 1st
European Conference on Medical Robotics, 20.-22.6.1994,
Barcelona, Spain, 1994, S. 83 - 87.

/schraft_94b/   **Schraft, R.D. (Hrsg.):** *Serviceroboter - Ein Beitrag zur
Innovation im Dienstleistungswesen*, 2 Bde. Stuttgart:
Fraunhofer-Institut für Produktionstechnik und
Automatisierung (IPA), 1994.

/schwager_93/   **Schwager, J.:** *Methoden der freien Navigation und
Fahrkursprogrammierung von FTS.*
In: Logistik im Unternehmen 7 (1993) 10, S. 56 - 61.

/signer_94/   **Signer, J.K.:** *ILS Flight Calibration with DGPS in
Switzerland.*
In: The Impact of Technology on Flight Inspection.
Proceedings of the Eighth International Denver Flight
Inspection Symposium, 6.-10.6. 1994, Denver, Colorado,
1994, S. 52 - 56.

/sindlinger_93/   **Sindlinger, R.:** *Kreisel als Richtungsgeber für FTS.*
In: FTS-Fachtagung, 6.10.1993 in Stuttgart. / Jünemann,
R.; Pritschow, G. (Hrsg.). Dortmund: Praxiswissen, 1993, 5.
Beitrag, (Logistik aktuell).

/stierle_91/   **Stierle, H.:** *Fahrerlose Transportfahrzeuge ohne Leitlinien -
eine neue Dimension im Materialfluß.*
In: Zeitschrift für wirtschaftliche Fertigung und
Automatisierung (ZWF) 86 (1991) 12, S. 632 - 636.

/svenson_93/   **Svenson, T.:** *Erfahrungen mit einem Laser-Navigations-
system für FTS.*
In: FTS-Fachtagung, 6.10.1993 in Stuttgart. / Jünemann,
R.; Pritschow, G. (Hrsg.). Dortmund: Praxiswissen, 1993,
4. Beitrag, (Logistik aktuell).

/teldix_79/   **Teldix:** *Taschenbuch der Navigation.* 3. Auflage.
Heidelberg: Teldix, 1979.

/vdi_2510/   **Richtlinie VDI 2510 11.92:** *Fahrerlose Transportsysteme
(FTS).*

/vogel_94/   **Vogel Räder- und Rollenfabrik:** *Räder, Rollen,
Technische Teile.* Hamburg, 1994. - Firmenschrift

/vögler_92/   **Vögler, H.:** *LASSO, ein Orientierungssystem für Fahrerlose
Transportfahrzeuge.*
In: FTS-Fachtagung, 15.10.1992, Stuttgart. Dortmund:
Praxiswissen, 1992, 9. Beitrag.

/warnecke_86/   **Warnecke, H.J.; Schiele, G.; Schweizer M.:** *System for
Measuring 3-Dimensional Paths.*
In: Proceedings of 16th International Symposium on
Industrial Robots, 30.9.-2.10.1986, Brussels, Belgium,
1986, S. 945 - 954.

/warnecke_91/   **Warnecke, H.J.; Luz, J.; Merklinger, A.:** *Gyro Application in Vehicles for Factory Automation.*
In: Symposium Gyro Technology, 24./25.9.1991 in Stuttgart. Sorg, H. (Hrsg.). Stuttgart: Deutsche Gesellschaft für Ortung und Navigation (DGON), 1991, S. 1.0 - 1.28.

/wong_92/   **Wong, A.K.C.; Gao, S.:** *Vision Directed Path Planning, Navigation and Control for an Autonomous Mobile Robot.*
In: SPIE, Vol. 1831 Mobile Robots VII, 1992, S. 82 - 94.

/zheng_93/   **Zheng, Y. F.:** *Recent Trends in Mobile Robots.* Sinngapore, u.a.: World Scientific, 1993.
(World Scientific Series in Robotics and Automated Systems, 11)

/zurmühl_84/   **Zurmühl, R., Falk; S.:** *Matrizen und ihre Anwendungen.*
5. Auflage. Berlin u.a.: Springer, 1984.

IPA Forschung und Praxis

Schriftenreihe aus dem Institut für Produktionstechnik und Automatisierung, Stuttgart

Herausgeber: Prof. Dr.-Ing. H. J. Warnecke

IPA Forschung und Praxis

Berichte aus dem Fraunhofer-Institut für Produktionstechnik und Automatisierung, Stuttgart, und dem Institut für Industrielle Fertigung und Fabrikbetrieb der Universität Stuttgart

Herausgeber: Prof. Dr.-Ing. H. J. Warnecke

IPA-IAO Forschung und Praxis

Berichte aus dem Fraunhofer-Institut für Produktionstechnik und
Automatisierung (IPA), Stuttgart, Fraunhofer-Institut für Arbeitswirtschaft
und Organisation (IAO), Stuttgart, und Institut für Industrielle Fertigung
und Fabrikbetrieb der Universität Stuttgart

Herausgeber: Prof. Dr.-Ing. H. J. Warnecke und Prof. Dr.-Ing. H.-J. Bullinger

Die Bände sind im Erscheinungsjahr und in den folgenden drei Kalenderjahren zu beziehen durch den örtlichen Buchhandel oder durch Lange & Springer, Otto-Suhr-Allee 25–28, 10585 Berlin.